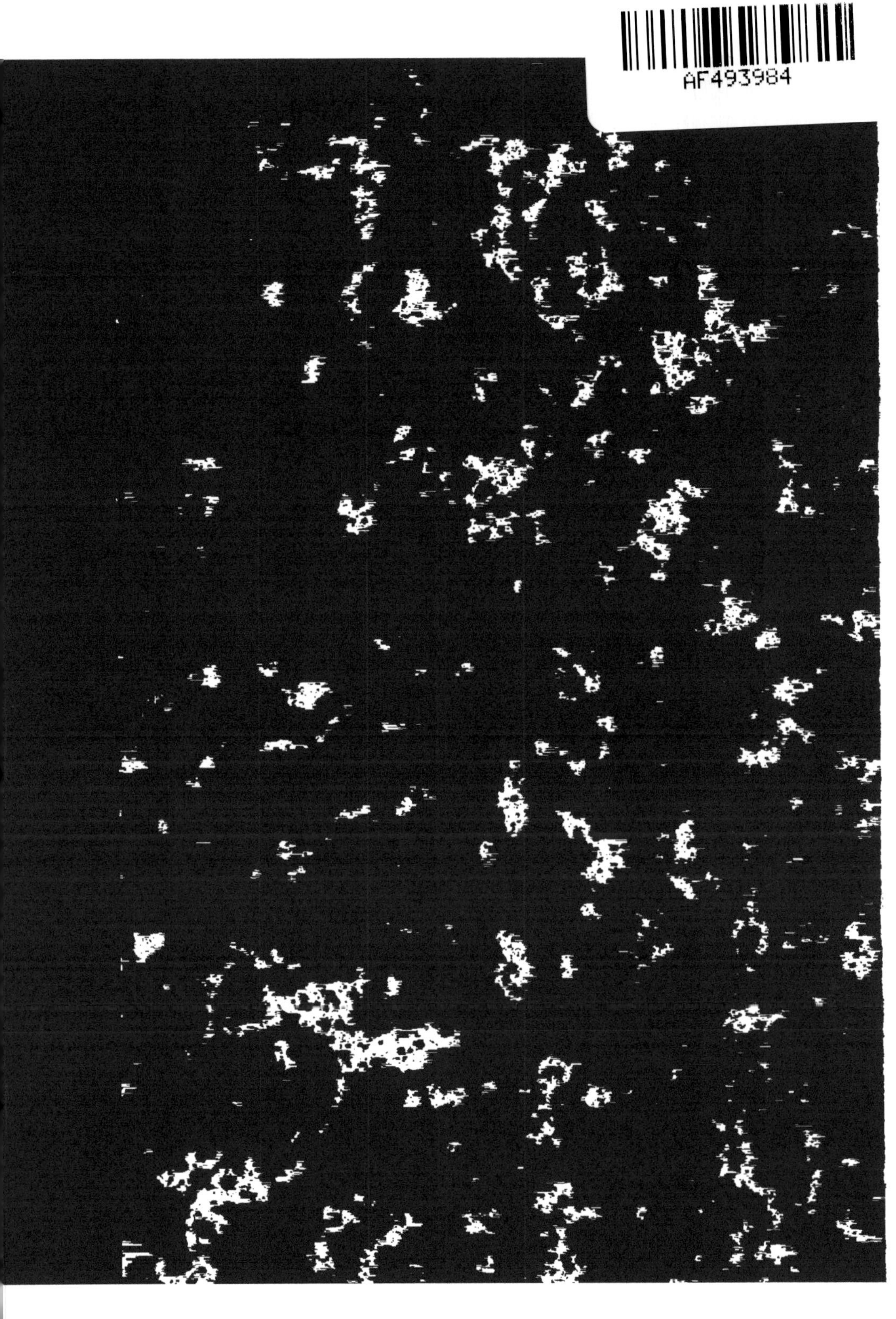

RECHERCHES EXPÉRIMENTALES

SUR

LE MÉCANISME

DE

LA DÉGLUTITION

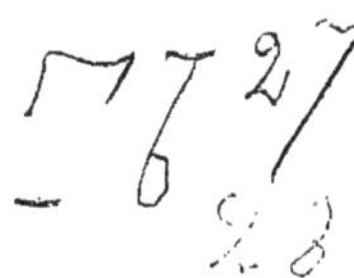

DU MÊME

Esquisses historiques et médicales à propos de la garde mobile de Paris (Hygiène militaire). In-8 de 90 pages chez Rozier, 1871.

(Inséré dans le *Recueil de mémoires de médecine et de Chirurgie militaires* publié sous les auspices du ministère de la guerre, mai 1871.)

Étude sur le *pansement ouaté* et ses applications (*Gazette des hôpitaux*, fév. 1872.)

RECHERCHES EXPÉRIMENTALES

SUR

LE MÉCANISME

DE

LA DÉGLUTITION

PAR

Louis FIAUX,

Docteur en médecine de la Faculté de Paris.

« Les actions que nous faisons le plus souvent sont ordinairement celles dont nous connaissons le moins les causes mécaniques. »

J.-L. Petit (*Mémoires de l'Académie des sciences*, 1715).

Avec six figures dessinées par Léveillé et lithographiées par Nicolet

---

PARIS

P. ASSELIN, LIBRAIRE DE LA FACULTÉ DE MÉDECINE,

Place de l'Ecole-de-Médecine

1875

A MON PÈRE

LE DOCTEUR F. FIAUX

Hommage de profonde reconnaissance
et du plus affectueux respect.

L. F.

RECHERCHES EXPÉRIMENTALES

SUR LE

MÉCANISME DE LA DÉGLUTITION

« La cloison du palais sert à conduire dans le pharynx la lymphe lacrymale et la lymphe mucilagineuse, qui s'amassent continuellement sur la voûte du palais. Elle sert de valvule en empêchant de revenir par les narines ce qu'on avale, principalement la boisson. Les usages de ses différents muscles ne sont pas encore bien distinctement connus, ni même les différents mouvements dont elle est capable, comme on peut le voir en regardant pendant quelques temps le fond d'une bouche bien ouverte dans une personne qui se porte bien. »
Winslow. (*Exposit. anat., tome V, p.* 791. — 1731.)

INTRODUCTION.

Haller, dans ses *Eléments de Physiologie*, regardait justement la déglutition comme un des phénomènes les plus difficiles à observer : *difficillima particula physiologiæ.* Nulle étude, en effet, n'est d'une observation plus délicate dans son ensemble et dans ses détails, et s'il est quelques points définitivement élucidés, si l'on est aujourd'hui fixé sur la part que certains organes prennent à ce premier acte de la digestion, il règne encore quelque obscurité sur le concours que lui prêtent d'autres organes, non moins importants d'ailleurs. Si, par exemple, grâce aux travaux de Magendie et de Longet, nous savons le rôle joué par la base de la langue, par l'épiglotte, par les muscles intrinsèques du larynx, dans l'occlusion de la glotte, au moment du passage du bol dans le pharynx; si Sigfriedius Albinus et Gerdy ont mis particulièrement en lumière le mouvement ascensionnel du pharynx, il n'en est point de même en ce qui concerne le rôle de l'isthme du gosier, des piliers et du voile du palais : là cesse, parmi les physiologistes, un accord cependant si nécessaire. Ainsi, tandis que l'on acceptait tout ce qui avait trait au mécanisme des premier et troisième temps de la déglutition, il y avait, parmi les auteurs, divergence d'opinions sur le second, c'est-à-dire sur le trajet du bol alimentaire depuis le moment où il franchit l'isthme jusqu'à celui où il s'engage dans l'œsophage, et sur les phénomènes concomitants, à savoir la double occlusion de la glotte et de l'orifice postérieur des fosses nasales, ainsi que sur le mécanisme par lequel le bol est précipité dans le pharynx. Nous avons dit que l'on était aujourd'hui arrivé, pour la plupart de ces phénomènes, à des conclusions définitives, et qu'il n'y avait plus guère d'opinions contradictoires que sur la manière dont se comportent le voile et ses piliers.

Depuis le milieu du siècle dernier, en effet, époque à laquelle nul auteur n'avait encore traité ce sujet d'une façon vraiment précise, deux opinions sont en présence à propos du rôle du voile palatin : les uns voulant qu'au second temps de la déglutition, au moment où le bol alimentaire passe de la bouche dans le pharynx, le voile s'élève, afin de clore inférieurement, comme une soupape, la cavité naso-pharyngienne et d'empêcher quelque parcelle d'aliment ou quelque goutte de liquide de passer dans les fosses nasales par leurs orifices internes; les autres, au contraire, soutenant que, dans le même temps de la déglutition, le voile s'abaisse, se portant à la rencontre de la langue, comprime avec elle et chasse enfin, par son mouvement d'abaissement continué, le bol dans le pharynx, le rapprochement des piliers postérieurs, qui supprime l'isthme naso-pharyngien, étant le seul empêchement au refoulement du bol vers les narines postérieures.

Frappé de cette incertitude, nous avons entrepris quelques recherches historiques et fait quelques expériences sur cet intéressant sujet, dans le but de contrôler par des observations rigoureuses l'une et l'autre théories, et de voir si l'une devait définitivement remplacer l'autre, ou bien si la part de vérité se trouvant en chacune d'elles ne pourrait point, en quelque sorte, amener leur conciliation.

Nous rechercherons donc seulement ici comment est close la cavité naso-pharyngienne pendant le passage du bol alimentaire, quelle est l'action du voile sur le bol ou le liquide dégluti, quel est enfin le mécanisme complet du second temps de la déglutition.

Anatomie du voile palatin chez l'homme.

Il nous paraît d'abord capital, au début de ce travail, de rappeler l'anatomie du voile palatin chez l'homme, et d'étudier exactement le rôle de chacun des muscles qui le composent. De l'action présumée de ces muscles, beaucoup d'observateurs ont tiré *à priori* des inductions théoriques sur le jeu du voile, inductions que l'observation et l'expérimentation surtout n'ont pas toujours confirmées. Plus loin, nous traiterons l'anatomie du voile chez les animaux, et notamment chez le chien, dont nous nous sommes particulièrement servi, pour répondre à l'objection des auteurs qui se refusent à accepter sur ce point, pour l'homme, les conclusions de la physiologie et de l'anatomie comparées.

Chez l'homme, le voile du palais est une valvule musculo-membraneuse qui fait suite, en arrière, à la voûte palatine osseuse. Aussi, les anciens anatomistes le désignaient-ils sous le nom de *palatum molle*, par opposition au *palatum stabile*. C'est une sorte de cloison mobile et incomplète qui sépare le pharynx de la cavité buccale ou des fosses nasales. Au repos, sa direction est curviligne, à concavité antérieure; horizontal dans sa partie supérieure, il se recourbe pour se porter presque immédiatement en bas; en action, son obliquité augmente au point qu'il devient tout entier horizontal.

Le voile est aplati, quadrilatère, parfaitement symétrique : on étudie une face buccale qui devient antérieure ou inférieure, selon sa direction, et une face nasale ou pharyngienne, qui peut devenir de même postérieure ou supérieure. Le bord supérieur adhère au bord postérieur de la voûte palatine; le bord inférieur libre, mince, concave, offre sur la ligne médiane un petit prolongement corroïde. C'est la luette, *uvula*, rudimentaire chez presque tous les animaux, excepté l'orang-roux, ainsi que l'avait du reste remarqué Lisfranc (1). Deux bords latéraux limi-

(1) Lisfranc. Clinique chirurg. de la Pitié. Tome I, p. 3 et seq. Considérations sur la luette.

On a beaucoup écrit sur les fonctions de la luette et il nous paraît que l'on n'est point encore fixé sur sa véritable valeur physiologique. Lisfranc résumant ce qui avait été dit à ce sujet depuis Sigf. Albinus énumère ses divers usages, d'après les auteurs. Pour les uns, elle concourt à la formation de la voix, à l'articulation de certains sons et notamment à la prononciation de la lettre R, qui ne pourrait plus être dite quand cet organe a été enlevé. Richerand, appuyé par Lisfranc, croyait qu'elle servait à prévenir le pharynx de l'arrivée des aliments. Pour d'autres, elle fournissait par ses follicules un mucus

tent de chaque côté le voile et le séparent de la joue; cette ligne de démarcation est tracée par une sorte de repli qui va du bord alvéolaire supérieur à l'inférieur. Du bord inférieur partent de chaque côté deux espèces de colonnes connues sous le nom de piliers postérieurs, débordant de beaucoup en dedans les piliers antérieurs; ils sont séparés par une excavation qui contient une agglomération de follicules composés, connus sous le nom d'amygdales. Les pi-

propre à faciliter le passage du bol. Pour d'autres encore, elle s'appliquait sur l'épiglotte et concourait ainsi à la fermeture de la glotte. Pour Lisfranc, la luette, étant située sur la ligne médiane, comme le larynx, forme une espèce de digue qui projette à droite et à gauche les corps qui tomberaient dans le larynx comme les mucosités nasales. La luette, ajoute Lisfranc, manque chez la plupart des animaux; mais le voile, par sa longueur plus grande que chez l'homme, supplée cette absence : il ne faut point oublier cependant que l'inclinaison en avant et en bas des fosses nasales, due à la forme allongée de la tête et à la station quadrupède, facilite par les orifices nasaux antérieurs l'écoulement de toutes ces mucosités. D'ailleurs, chez le dromadaire, par exemple, il existe manifestement une luette, laquelle a la propriété de se gonfler à l'époque du rut et peut être même repoussée jusqu'aux commissures de la bouche. Mon père, pendant son internat chez Lisfranc, s'occupa un peu de la question : il y revient aujourd'hui à propos de notre travail et nous communique la note suivante, qui est une autre interprétation de l'usage de cet organe : « Après avoir examiné un grand nombre de fois, chez les malades, la situation du voile du palais faisant ouvrir la bouche et abaissant la base de la langue, j'ai trouvé la luette pendante et le voile incliné en bas et en arrière : la luette entraîne le bord libre dont elle ne semble être qu'un prolongement. J'ai été amené ainsi à penser que la luette a pour principale fonction d'empêcher le bord libre du voile du palais de se relever dans l'acte de l'expiration nasale. Dernièrement encore, chez un malade, j'ai eu l'occasion d'enlever une luette très-hypertrophiée, qui gênait les fonctions de la respiration et qui occasionnait une titillation continuelle du côté de la base de la langue et du larynx; souvent même, en mangeant, le malade était pris de suffocation avec perte de connaissance. Chez ce malade, à l'examen, je trouvai toujours le bord libre du voile fortement incliné en bas et en arrière : la luette frottait la base de la langue à la manière d'un battant de sonnette. Après l'ablation, il m'a été permis de constater que le voile qui était toujours abaissé quand on examinait l'isthme, même pendant l'acte d'inspiration, était, au contraire, toujours relevé en

liers antérieurs, la base de la langue et le bord inférieur du voile limitent un espace appelé isthme du gosier, orifice de communication de la bouche et du pharynx.

Au point de vue de la structure, on considère dans le voile une aponévrose fort dense, qui, placée au-dessus d'une lamelle fibreuse, fait suite avec elle à la portion osseuse et fibreuse de la voûte palatine.

La partie musculeuse compte dix ou neuf muscles, selon que l'on étudie un ou deux palato-staphylins.

Les palato-staphylins (*azygos uvulæ*) sont deux petites bandelettes charnues, situées de chaque côté de la ligne médiane, dont les fibres prennent naissance à l'épine nasale postérieure et descendent jusqu'à la base de la luette. Un tissu cellulaire, assez dense, enveloppe ces petits muscles, qui sont d'ailleurs plus rapprochés de la face postérieure du voile que de l'antérieure. On trouve au devant d'eux, de chaque côté, le péristaphylin interne, le glosso-staphylin et une partie du pharyngo-staphylin. Son action est de rac-

haut et en arrière, n'ayant plus de contrepoids pour le maintien dans la position déclive. La déglutition des liquides et des solides s'opère absolument comme si la luette n'avait pas été enlevée ; la parole n'est nullement modifiée, et la voix a conservé son timbre habituel ; la lettre R est aussi facilement prononcée qu'avant l'opération. Pour moi, la luette n'est indispensable ni à la déglutition, ni à la phonation, et son mode d'action consiste tout simplement à entraîner, par son propre poids, le bord du voile palatin dans une situation déclive. J'ajouterai que le voile étant ainsi abaissé, la luette favorise, par cet abaissement, non-seulement la circulation facile de la colonne d'air par les fosses nasales, mais encore l'écoulement muqueux qui s'échappe des narines postérieures dans le pharynx, et notamment sur la région prévertébrale ; elle fait, dans ce cas, l'office d'une gouttière mobile, chargée d'humecter les différentes parties de la gorge. » Pour nous, envisageant surtout le rôle de la luette au point de vue musculaire, nous pensons que les palato-staphylins ont pour but de rétracter la luette vers le haut et de tendre, en l'élevant légèrement, le bord libre du voile en prenant leur insertion fixe à l'épine nasale postérieure. Voilà, certes, une rare multiplicité d'opinions pour un bien mince sujet, et n'est-ce point un peu le cas de craindre avec le poète « une abondance stérile. »

courcir la partie moyenne du voile du palais dans la direction de sa surface, de manière à élever la luette. Ils sont innervés par les filets pharyngiens du pneumogastrique et par le grand nerf pétreux superficiel.

Les péristaphylins internes (*petro-staphylins de Chaussier*) sont deux muscles puissants, eu égard au volume de la partie qu'ils doivent mouvoir : ils naissent par de courtes fibres tendineuses à la face inférieure du rocher, près de son sommet, et à la partie voisine du cartilage de la trompe d'Eustache, immédiatement derrière l'épine sphénoïdale ; de là ils se portent de haut en bas, comme aussi un peu en dedans et en avant, et atteignent les bords latéraux du voile. Au moment de leur naissance, ils sont aplatis de dehors en dedans, puis ils acquièrent une forme arrondie ; arrivés au voile ils deviennent plats, horizontaux, et leurs fibres fasciculés vont en divergeant de telle sorte, qu'elles s'étalent dans toute la hauteur du voile : les fibres les plus antérieures vont s'implanter par de courtes fibres tendineuses au bord postérieur de la membrane aponévrotique ; les autres fibres musculaires se terminent aussi par des fibres aponévrotiques très-courtes qui se réunissent sur la ligne médiane, affectant la forme d'un arc. Immédiatement au-dessus de lui se trouve l'*azygos uvulæ;* dans le voile les portions antérieure et postérieure des pharyngo-staphylins l'embrassent entre elles et les glosso-staphylins sont sur lui en avant. La description un peu complexe de l'agencement des fibres de ces muscles et leur volume relativement considérable, par rapport à celui des pharyngo-staphylins, par exemple, indique bien leur importance dans le jeu du voile : les anciens anatomistes les appelaient *musculi levatores palati mollis ;* ils élèvent en effet le voile et lui font subir une tension assez sensible dans le sens transversal, c'est-à-dire un léger élargissement. Ils sont innervés par le nerf palatin postérieur (filets du grand nerf pétreux superficiel) et par des filets pharyngiens du pneumogastrique.

Les péristaphylins externes (*pterygo salpingo-staphylins*) s'insèrent en haut à la fossette scaphoïde qui surmonte l'aile interne de l'aphophyse ptérygoïde et à la partie voisine de la grande aile du sphénoïde, de plus au tiers externe de la paroi membraneuse de la trompe d'Eustache; de là, minces, aplatis, ils se portent verticalement en bas, et arrivés au voisinage du crochet de l'aile interne de l'apophyse ptérygoïde, ils deviennent aponévrotiques, se plissent sur eux-mêmes, se réfléchissent à angle droit sous le crochet (*circonflexus palati*), contre lequel ils sont maintenus par un petit ligament et sur lequel ils glissent à l'aide d'une petite synoviale : c'est alors qu'ils deviennent horizontaux et s'épanouissent en se portant en dedans pour se perdre dans la membrane aponévrotique du voile et un peu au delà dans la portion mobile. On conçoit que l'action physiologique de ces muscles sera multiple et que leur contraction aura pour résultats simultanés : 1° de tendre le voile (*tensor palati*), de le soulever un peu en l'élargissant et agissant de concert avec le péristaphylin interne, de favoriser son action élévatrice en fixant la base molle du voile palatin (1); 2° de dilater l'orifice pharyngien de la trompe d'Eustache. Valsalva (nous y reviendrons plus loin) le premier avait fait cette remarque : « Nam si musculus iste, dit-il, leviter digitis trahatur, tunc nasi interna foramina tubaque Euschiana dilitantur; » il les nommait même *novi tubarum musculi*. Ce que Valsalva faisait en tirant légèrement le péristaphylin externe avec les doigts sur une pièce anatomique, se produit naturelle-

(1) *Encyclopédie anat.*, t. III. *Traité de myol.*, par Theile, professeur d'anat. à l'Université de Berne. Trad. Jourdan, p. 60, ch. VII. — Paris, J.-B. Baillière, 1843.

ment chez le vivant par l'effet de la contraction physiologique, de l'élévation du voile prenant ses points d'appui d'une part sur la portion fibreuse de la trompe, de l'autre sur le crochet de l'apophyse ptérygoïde. Ils sont innervés par le nerf du ptérygoïdien externe du maxillaire supérieur.

Les pharyngo-staphylins sont étroits et fasciculés à leur partie moyenne, qui est située dans le pilier postérieur, un peu plus larges et membraneux à leurs extrémités, dont l'une est dans l'épaisseur du voile du palais et l'autre dans le pharynx. Les insertions supérieures sont multiples : elles se font par divers faisceaux entrecroisés avec ceux du péristaphylin interne, aux bords de la luette, à l'aponévrose du voile, au tendon du péristaphylin externe, au cartilage de la trompe.

De là leurs fibres se portent, les unes, celles qui proviennent des points fixes, à la ligne médiane du pharynx, depuis le bord inférieur du constricteur supérieur jusqu'à la hauteur des cartilages aryténoïdes; les autres, celles qui proviennent des points mobiles (luette et voile), au bord postérieur et à la grande corne du cartilage thyroïde. Ils sont innervés par le glosso-pharyngien. On peut considérer ces muscles comme composés de deux ordres de fibres : les premières ayant leur point fixe en haut constituent une anse musculaire dont la convexité correspond à la paroi postérieure du pharynx et les extrémités aux parties latérales de l'ouverture des fosses nasales; elles élèvent le pharynx et rapprochent le bord libre du voile de la paroi spinale du pharynx (1); les secondes représentent assez

(1) C'est ce que Sabatier (*Traité d'anat.*, Tom. II, p. 222. — 1777), indiquait en disant des pharyngo-staphylins : « On les nomme quelquefois palato-pharyngiens, parce que leurs attaches au palais étant à une partie solide, ils entraînent plutôt le pharynx de bas en haut que le voile du palais de haut en bas. »

exactement une anse musculaire dont la convexité répond au voile et les extrémités fixes aux bords du cartilage thyroïde; elles abaissent le voile quand le pharynx et le cartilage thyroïde reviennent en bas. Toutes deux peuvent avoir pour action de tendre, en les rapprochant, les piliers postérieurs.

Les glosso-staphylins sont deux petites languettes musculaires situées dans l'épaisseur des piliers antérieurs, étroites à leur partie moyenne, élargies à leurs extrémités : leur extrémité inférieure, épanouie sur les côtes de la langue, se continue avec le muscle stylo-glosse; leur extrémité supérieure confond ses fibres avec celles des pharyngo-staphylins; la partie moyenne est très-grêle. Ils sont innervés par le glosso-pharyngien. Ils sont constricteurs de l'isthme du gosier, *musculi constrictores isthmi faucium*, et empêchent ainsi l'aliment de rétrograder du pharynx dans la bouche. Si la langue est fixée par l'abaissement de l'os hyoïde, il peut allonger le voile du palais et le tendre en l'attirant vers le bas. Mais si le voile sert de point d'appui, quand il est élevé par les péristaphylins internes, les glosso-staphylins n'ont plus pour action que d'élever la base de la langue, et notamment ses bords latéraux (1).

Les glandes palatines se divisent en glandes de la face postérieure et de la face antérieure; celles de l'antérieure sont fort nombreuses; elles sont sphéroïdales et juxtaposées; elles représentent des petites glandes salivaires, chacune pourvue d'un canal excréteur, venant s'ouvrir sur la face libre de la muqueuse. Les artères viennent de la palatine supérieure, branche de la maxillaire interne, de la palatine inférieure, branche de la faciale, et de la pharyngienne inférieure. Les veines vont se jeter dans le plexus

(1) V. Theile, ouv. cité.

de la fosse zygomatique et de la jugulaire interne; les lymphatiques se jettent dans les ganglions de l'angle de la mâchoire.

Nous n'avons pas craint d'insister avec quelque développement sur la partie musculaire du voile; mais nous n'avons point l'intention, parce que l'action physiologique des muscles bien comprise facilite l'expérimentation, de tirer de cet examen une interprétation prématurée qui indiquerait des idées préconçues. Cependant, dans le second temps de la déglutition, ce qui nous frappe tout d'abord, c'est le mouvement ascensionnel de toutes les parties molles sous-jacentes à la cavité naso-pharyngienne; au-dessous des fosses nasales postérieures, tout est en mouvement de bas en haut : la trachée, le larynx, le corps thyroïde, le pharynx, le plancher de la bouche, la langue, tout obéit à un mouvement d'ascension extrêmement marqué. Les stylo-glosses, les glosso-staphylins, les amygdalo-glosses, les digastriques, les stylo-hyoïdiens, les mylo-hyoïdiens, les genio-hyoïdiens pour la langue et l'os hyoïde, les trois constricteurs joints aux stylo-pharyngiens et aux pharyngo-staphylins pour le pharynx, sont les agents de cette ascension, dans laquelle il n'y a nulle part de véritable point fixe dans la déglutition pour tous ces muscles qui tirent les parties molles de bas en haut, que l'apophyse styloïde, l'apophyse ptérygoïde, les os palatins avec l'épine nasale, la face inférieure du rocher, le cartilage de la trompe d'Eustache, enfin l'aponévrose palatine faisant suite à la voûte osseuse et constituant comme la charpente du voile : c'est là tout d'abord une considération à laquelle il nous est difficile de ne point accorder quelque attention; mais ce mouvement ascensionnel général ne prouve rien en soi pour les mouvements propres du voile, il faut serrer de plus près l'étude de son action physiologique, et c'est ce que nous allons faire en traitant l'historique de la question.

PREMIÈRE PARTIE.

HISTORIQUE,

Exposé des théories diverses de la déglutition, relativement au jeu du voile, aux dix-huitième et dix-neuvième siècle.

Les beaux écrits des trois illustres anatomistes du seizième siècle, Vésale, Eustachi et Fallope, ne contiennent pas une étude assez complète sur les muscles du voile pour qu'on prenne une idée suffisante de la manière dont ils conçoivent son rôle. Vésale (1) parle longuement des muscles de la langue, du larynx, des glandes du gosier : il ne va guère au delà. En 1552, Eustachi dessinait et faisait graver ses tableaux d'anatomie, mais la maladie et le besoin l'empêchaient de les publier et l'ouvrage ne voyait le jour qu'en 1714, grâce aux soins de Lancisi (2) ; ils ne contiennent d'ailleurs rien qui puisse donner une idée précise, au point de vue physiologique, (*de usu partium*) de l'opinion de l'auteur sur le sujet qui nous occupe. Fallope (3) de même passe rapidement sur le rôle des muscles du pharynx.

Riolan le fils n'avait guère parlé avec plus de précision

(1) Andreæ Vesalii Bruxellensis scholæ medicorum Patauinæ professoris, de humani corporis fabrica libri septem. gr. in-fol. Basileæ, 1542. V. Faux, guttur, muscul. laryngis, linguæ Hist., p. 254, 258, 603.

(2) Eustachius (Bartholomæus). Tabulæ anatomicæ, in-fol., Romæ, édit. Lancisi, 1714. Tab XLI et XLII, fig. 6, n M.

(3) Fallopii (Gabrielis). Observationes anatomicæ, p. 123 et seq., in-32. — 1562.

et de détail dans le livre qui fonda sa réputation d'anatomiste, dans son Anthropographie. C'est vainement qu'on cherche quelques détails précis sur lesquels on puisse étayer l'opinion de l'auteur. *De Gargareone* (cap. XII) il dit, il est vrai, que le voile palatin « obstat liquidorum reflexum in nares cum deglutimur; qui cum gargareone carerent, lactere non poterant, remeante ad nares lacte quod exugebant » : ailleurs, *de ore*, *de pharynge*, rien qui puisse davantage éclairer le lecteur (1).

Le Cours d'anatomie de Dionis, célèbre en son temps, ne reflète, comme enseignement officiel de l'époque, rien de clair sur le mécanisme du phénomène : quelques généralités; rien de plus (2).

L'Anatomie de Verheyen, si riche en ce qui concerne l'étude d'autres organes du corps humain, est pauvre en ce qui touche notre sujet. L'anatomiste de Bruxelles, résumant l'opinion de ses prédécesseurs, se borne à assigner comme principal usage au voile, celui d'empêcher la régurgitation de la matière alimentaire par les narines : « Usus est impedire ne ex ore in nares regurgitet » ; pas d'autres détails (3).

Le Traité de physiologie de Verduc (4), publié en 1696, peut être pris comme type de l'ignorance commune. « Après que les aliments, dit cet auteur d'ailleurs peu

(1) Joannis Riolani filii Anthropographia et osteologia. Parisiis, in-8°. — 1626. (Edit. princeps de 1618). De ore, cap. VII, p. 433 et seq.; de pharynge, cap. XII; de gargareone, cap. XIII; musculi pharyngis, p. 483, cap. XVIII.

(2) L'anatomie de l'hom. (suivant la circulat. du sang et les dernières découvertes), par Dionis, premier chirurgien de madame la Dauphine, profess. au jardin du Roi, VIII Démonstration de la bouche et des parties qu'elle renferme, p. 439 et seq. — Paris, 1690.

(3) Corporis humani Anatomiæ, authore Philippo Verheyen, 2e édit. in-8°. Bruxelles, tome I, p. 275, cap. XX et XIX. Tab. 29, p. 277. De usu uvulæ.

(4) Traité de l'usage des parties par Verduc, docteur en médecine. Œuv. posth., Paris, t. I, p. 139 et 140. — 1696.

connu, ont été broyés et pénétrés de l'eau qui coule de toutes les sources de la bouche, cette pâte est poussée par la langue qui les chasse comme un piston dans l'œsophage. » Ici, bien mieux, le rôle du voile était supprimé, la langue suppléait à tout.

Cependant en 1704, Valsalva, professeur à l'université de Bologne, maître de Morgagni, publiait son traité *De aure humanâ*, et jetait de vives lumières sur le rôle des muscles palatins et notamment des péristaphylins externes, ainsi que nous le verrons plus loin en étudiant son texte avec attention : c'est lui le premier qui posait les bases de la doctrine que nous allons voir combattre par l'école de Leyde et par Haller.

En même temps Boerhaave, dans ses institutions de médecine, s'appliquait par quelques expériences répétées sur lui-même à mettre nettement en relief l'intelligence des mouvements du voile. Son livre, publié à Leyde, en langue latine, ne paraît pas avoir frappé les esprits ainsi qu'il eût convenu ; il fut traduit en français en 1739, une année après la mort de l'illustre professeur de Leyde, par La Mettrie. Quelle que fût l'importance des observations de Boerhaave, elles paraissent avoir peu touché les auteurs contemporains. Comme pour les travaux de Valsalva, nous nous réservons de revenir plus tard sur ceux de Boerhaave, quand nous aurons exposé la théorie d'Albinus. Peut-être trouvera-t-on cet historique un peu long : il nous semble, quant à nous qu'il ne sera que complet ; nous espérons d'ailleurs faire de cet exposé de travaux anciens considérables, non point une énumération sèche, mais une véritable étude de la question.

Il n'est que juste de mentionner J. L. Petit, de Jussieu et Littre (1), qui dans plusieurs mémoires traitèrent directe-

(1) V. Mémoires de l'Acad. roy. des sciences. — 1715, 1716 et 1718.

ment ou indirectement des fonctions du voile et se rangèrent à l'opinion de Valsalva. Nous reviendrons de même plus loin sur leurs travaux.

Il n'en est pas moins exact de dire que les difficultés de l'analyse physiologique de la déglutition étaient encore assez grandes pour interdire momentanément aux maîtres de l'enseignement officiel de professer une théorie quelconque de crainte d'en répandre une fausse, car le célèbre Winslow (1), en traitant du pharynx, termine son étude par les quelques phrases suivantes : « La cloison du palais, dit-il, sert à conduire dans le pharynx la lymphe lacrymale et la lymphe mucilagineuse qui s'amassent continuellement sur la voûte du palais. Elle sert de valvule en empêchant de revenir par les narines ce qu'on avale, principalement la boisson. Les usages de ses différents muscles ne sont pas encore bien distinctement connus, ni même les différents mouvements dont elle est capable, comme on peut le voir en regardant pendant quelque temps le fonds d'une bouche bien ouverte dans une personne qui se porte bien. » L'aveu de Winslow était bien justifié par le silence de Vesale, Fallope et Eustachi, par les paroles si vagues de Riolan et de Dionis et les opinions contraires déjà soutenus par Valsalva, Boerhaave et Petit, mais il n'en est pas moins fort précieux, parce qu'il marque l'état de l'opinion à l'Ecole de Paris jusqu'aux travaux d'Albinus. C'est en effet en 1732 que Winslow confesse publiquement son incertitude, et c'est en 1734 que le grand professeur de Leyde, Sigfriedius Albinus, publie son *Histoire des muscles*, livre que Haller ne craignit point d'appeler admirable de science et d'exactitude.

Le branle était donné, et à partir de ce moment les travaux sur ce sujet sont plus fréquents et plus serrés

(1) Exposit. anat. de la struct. du corps hum., par Jacques-Bénigne Winslow, t. IV, 2e partie. Traité de la tête, p. 670, 691.

comme analyse ; un jeune frère d'Albinus, Fridericus Bernardus, soutient à Leyde en 1740 sa thèse inaugurale sur la déglutition. Haller la réimprime même dans ses *Disputationes anatomicæ* en louant l'auteur d'avoir profité des préceptes de son illustre frère et largement puisé en même temps dans sa propre érudition.

On peut dire que c'est à l'illustre patronage que Siegfriedius Albinus et Haller donnèrent à l'une des théories, à celle de l'abaissement immédiat du voile et à son action active sur le bol, dès le début du second temps, que cette théorie dut de trouver écho dans un grand nombre de chaires au dix-huitième siècle. Les observations et les expériences de Valsalva, de Boerhaave et de Petit sont à peine mentionnées, ou ne le sont point du tout, dans les deux Albinus ; Haller n'en parle point non plus ; mais quand on consulte avec attention tous les livres d'anatomie et de physiologie un peu importants, publiés pendant cette même époque, on retrouve cependant la trace de l'incertitude que laissa dans les esprits, à l'endroit de l'interprétation de Haller et d'Albinus, l'opinion contraire du maître de Morgagni et de l'auteur des Institutions médicales.

Quoi qu'il en soit, c'est l'Histoire des muscles de Siegfridius Albinus qu'il faut ouvrir pour voir bien exposée et pour la première fois la théorie de l'abaissement primitif du voile. Nous ne craindrons pas de nous y arrêter quelque temps et avec détails. Ce sont les muscles palatins qui amènent naturellement Albinus à traiter tout au long la physiologie de la déglutition (1). Comme Albinus le jeune reproduit dans sa dissertation inaugurale exactement les idées de son frère aîné, en accusant plus encore, si faire se peut, le sens de la théorie qu'il soutient, par les critiques qu'il adresse à ceux qui ne la partagent pas (*præcipuæ aliter tradentium*

(1) V. S. Albinus, Historiæ musculorum. Liber III, p. 232 à 245.

opiniones), nous croyons pouvoir faire simultanément l'analyse de son mémoire (1).

Sur le premier temps de la déglutition, alors comme aujourd'hui, tous les anatomistes étaient d'accord : nulle conteste sur la mastication, l'insalivation, le rôle de la langue : « Lingua primum apte excipit id quod deglutiendum, adjuta plerumque a labiis, buccis, dentibus, diversis autem modis; cavet simul ne quid elabatur, tum aptando se ad retinendum diversis pariter modis, tum apprimendo se palato per ambitum juxta dentium ordinem (2) ». L'auteur va toucher maintenant au mécanisme intime du second temps, (*quomodo depellatur cibus et potio*) : « Depulsio ex intimâ parte oris in fauces fit a vi unità linguæ et palati mollis, fauciumque partis superioris. Etenim ab inferiore parte linguæ radix primum surgit in posteriora, simulque intumescit et tendit se ac mirifice accommodat ad palatum molle et proximam posticam faucium partem. Eodem tempore a superiore parte palatum molle se ex lateribus contrahit, deorsumque et simul contra linguam agit, ac vicissim ad eam accommodat. Itaque et tonsillæ in lateribus intermedio inter linguam palatumque molle loco sitæ comprimuntur. Eodem denique tempore a parte posteriore, postica pars faucium, quæ est e regione palati mollis et linguæ, se contrahit contra palatum molle linguamque sic ut aptet se iis, apprimatque (3) ». Rien de plus clair que ces quelques lignes, il y a un resserrement convulsif et simultané du voile, de la langue et du pharynx. S. Albinus

(1) V. in collectione Halleri. Disput. anat., vol. VII. Gottingæ, 1751. De deglutitione pro gradu doctoratus disputabit F.-B. Albinus. Un troisième frère de Siegfridius, Christianus, étudia aussi la médecine, mais il n'a rien laissé sur ce sujet.

(2) *De deglut.*, p. 27.

(3) Ibid., p. 13

n'est pas moins affirmatif : le rapprochement de toutes ces parties est tel qu'il ne restera entre elles aucun espace ; elles se touchent, elles se compriment de toutes parts. Tout rempli de l'opinion qu'il défend, B. Albinus y revient sans cesse et sous toutes les formes : « Unde hoc tempore est contrarius motus linguæ et palati mollis. Dum enim linguæ radix sub palato molli aliquantum et subito quidem, sursum in anteriora movetur et simul cum postica faucium parte deglutiendum contra linguam deorsum agit ; depellitur ille linguæ et visu et inprimis in fauces inserto digito (1). Après avoir expliqué le mode de précipitation du bol, il arrive au mode de fermeture de la cavité naso-pharyngienne : les répétitions d'idées et de langage sont d'ailleurs fréquentes dans le travail de Bernardus; nous nous arrêterons seulement aux passages les plus caractéristiques : « Mirum nunc fortasse videri potest non admodum attendenti, qui fiat, ut nixu illo nihil ex faucibus pellatur in nasi concavum, præsertim potionis. Sed si paulo attentior fuerit, facilè perspiciet, viam illam, quæ ex faucibus in nasum est, omnino claudi illa ipsa contractione faucium quæ depellit. Via illa, ut supra exposui, est inter posticam palati mollis intimamque faucium partem pone palatum illud. Jam vero in nixu deglutitionis palatum molle, quemadmodum indicavi, se ex lateribus contrahit, agitque deorsum et eodem tempore fauces circa palatum molle contractæ huic ipsi aptantur apprimunturque : eâque ratione efficiuntur una eademque opera duo hæc ; depellitur deglutiendum et via in nasi concavum clauditur. Depellit contractio unita palati mollis et vicinæ a posteriore parte partis faucium modo dicta, ut cum palato depellat, aptat se apprimitque ad posticam partem palati mollis, itaque ita quidem ut spatium intermedium, hoc est via in nasum

(1) *De deglut.*, p. 14.

remaneat... adde quod palatum molle oblique in posteriora dependeat, contrahatque se linguam versus, ac sic omnino et in totum depellat (1). » Dans une des précédentes citations, le lecteur remarquait que Bernardus l'invitait à constater les mouvements relatifs au voile et à la langue, *in fauces digito inserto*, il y revient encore en ajoutant cette phrase à l'adresse des dissidents : « Quanquam hæc planè discrepant ab illis quæ præstantes viri (2) tradiderunt fidem tamen fortasse inveniam apud illos, qui rem ipsam oculis digitoque explorant... digitum deinde in fauces remitte, rursusque deglutiendi ede : perspicies eum a palato molli faucibusque in unum contractis (3). »

Quels sont maintenant les agents qui jouent le principal rôle dans ce temps de déglutition, « instrumenta illa, quæ proprie cibum et potum depellunt (4)? » Ainsi que nous l'avons dit, c'est à S. Albinus qu'il faut revenir : l'histoire du palato-pharyngien, du constricteur de l'isthme, etc., lui fournit largement l'occasion de produire au long toutes ses idées. S. Albinus décrit d'abord avec exactitude les attaches des palato-pharyngiens, leur trajet dans le voile et le pharynx, puis il ajoute, précisant leur rôle : « Cum utrique palato-pharyngei simul agunt, ut agere semper apparent, palatum molle detrahunt, præsertim latera ejus, maxime juxta uvulam : simul curvant illud, redduntque concavum in inferiora et ex lateribus contrahunt : suntque contrarii circumflexorum margini posteriori. Pharyngem vero eodem tempore sursum trahunt, reddunt que breviorem et laxiorem. Hi, inprimis, cum deglutimus ex faucibus depellunt cibum et potionem; clauduntque viam, quæ in nasum patet; adjuti à constrictoribus supe-

(2) Ibid., p. 16.
(3) Valsalva, Boerhaave, J.-L. Petit entre autres.
(4) *De deglut.*, p. 17.
(5) Ibid., p. 32 et seq., cap. III.

rioribus pharyngis et a linguâ. Etenim palatum molle contrahunt, aguntque deorsum simul et contra linguam; eòque deprimunt deglutiendum, cum id sub palato molli hæret; impediuntque ne pressione ejus palatum cedat in superiora, sinatque illabi aliquid in nasum. Cumque eodem tempore constrictores superiores contrahunt fauces circa palatum, eo et apprimunt eas, aptantque ad postica palati mollis, ne quid intermedio loco pellatur in nasum; et à posteriore parte premunt deglutiendum contra linguam. Vicissim autem hoc eodem tempore, quo et palato-pharyngei, et constrictores superiores, quo dictum modo agunt, lingua, ea parte quæ in faucibus est, tum surget contra palatum molle tum posteriorem partem faucium urget. Et non modo exquisite aptant se inter se mutuo lingua, palatum molle et postica faucium, *ut spatium nullum remaneat intermedium :* sed ita etiam se inter se comprimunt, ut si quid contineant deglutiendum, premant illud, comprimantque undique, præterquam a parte inferiore; et simul depellant in pharyngem (1). » C'est la théorie dite du rideau développée en son entier : les deux piliers postérieurs se rapprochent comme les deux pans d'un rideau pour obturer l'isthme naso-pharyngien, et le voile, en s'abaissant et en se contractant, a pour fonction d'éloigner le bol des narines postérieures et de le pousser dans l'entonnoir pharyngien, avec le concours d'ailleurs mentionné de la langue et du pharynx. Ce que Gerdy, environ cent ans plus tard, devait soutenir, S. Albinus le mentionne déjà : le voile, loin de s'élever dès le début du second temps, est avalé par le pharynx, témoin ce que dit l'illustre professeur de Leyde à propos du constricteur supérieur du pharynx : « Pharyngis partem quam ambit, premit, constringit, trahit in priora, sursumque : ad hæc illa pars ejus,

(1) *Hist. muscul.*, p. 236.

quæ oritur a tendine circumflexi palati, deorsum molle trahit palatum (1). »

Quelque séduisante que fût la théorie nouvelle, l'action évidente des péristaphylins internes, action qui avait valu à ces muscles, bien avant Albinus, le nom de *levatores palati mollis*, ne pouvait être niée non plus que le rôle des péristaphylins externes (*novi tubarum musculi*), si bien étudié par Valsalva. C'est alors que S. Albinus donna aux mouvements incontestables d'élévation du voile, des causes et un but physiologiques qu'il nous a paru impossibles d'accepter. Pour S. Albinus, le voile se conduit de plusieurs manières, quand il s'agit de la respiration et quand il s'agit de la déglutition : il concède que dans une expiration exclusive par la bouche, le voile s'élève pour clore la cavité naso-pharyngienne, mais il veut que dans la déglutition il s'abaisse. Albinus-le-jeune renchérit naturellement, comme il convient au cadet parlant après l'aîné, au disciple parlant après le maître : pour lui, il est nécessaire que les péristaphylins internes et externes soient en repos, pendant la déglutition, pour que la cavité naso-pharyngienne soit close. Nous reviendrons dans notre seconde partie sur l'opinion des deux Albinus, que nous n'avons point acceptée.

Haller adopta complétement cette théorie de la déglutition : il lui donna l'appui de son autorité, si hautement appréciée par toutes les universités et académies d'Europe, dans ses *Eléments de physiologie* (2). Dans tout le cours de son histoire de la déglutition, il n'avance qu'avec un grand renfort d'érudition et un luxe remarquable de citations, ainsi que faisaient du reste les anciens auteurs :

(1) Ibid., p. 233.

(2) *Elem. physiologiæ corporis humani*, auctore Haller, tome VI. — Bernæ, 1764.

mais ce sont les deux Albinus qu'il invoque surtout et auxquels il renvoie presque constamment dans ses notes.

Comme ses prédécesseurs, Haller décrit avec clarté l'élévation de la langue (*elevata per styloglossos ad palatum, apice primum, deinde ex ordine etiam posteriori suâ parte*), l'élévation et la dilatation du pharynx, l'élévation simultanée du larynx qui vient se fixer sous l'épiglotte (*sub epiglottidem a quâ ampliter tegitur et abundè*). Il signale les inconvénients du rire et du parler qui meuvent l'épiglotte et aussi les maladies de cet opercule, tous phénomènes qui mettent la déglutition en souffrance. L'importance de la langue attire son attention : « In hunc dilatatum pharyngem cibus premitur a lingua, cujus pars major palato osseo adpressa est ; pars denique postrema elevata cibum ab anterioribus sibi transmissum, in proximum spatium impellit, quod ei recipiendo patet... Has ob causas adparet, magnas esse in deglutiendo partis linguæ est omninò gravius vulnerata difficilem reddat deglutitionem. Femina cui de linguâ nihil supererat, nisi tuberculum, sicca quæque non deglutiebat, nisi digitis intrusa (1). » Le paragraphe XIV, intitulé *Cibus in gulam pellitur*, ne laisse aucun doute dans l'esprit sur l'opinion de l'auteur : « Cum ea linguæ elevatione, ita concurrit ad depulsionem cibi veli palatini descensus, ut utraque actio linguam palato molli adprimat : sic omnem in os reditum intercipiat et una potenter a naribus cibum removeat potumque, in pharyngem demum urgeat. Ea actio est thyreopalatini (partie inférieure du pharyngo staphylin), qui, dum pharynx adsurgit, una velum mobile deorsum ducit, et glosso pharyngæi. Ideo quando amygdalæ tumefactæ sunt, laborat hæc actio ; neque enim velum palatinum satis nunc ad linguam accedit (2). » Et

(1) *Elem. phys.*, tome VI, p. 90.
(2) Ibid., p. 91.

plus loin : « Eadem veli palatini, linguæ et pharyngis contractio intercipit iter ad nares, neque eo cibi redeant, cavet (1). » C'est le langage même de S. Albinus : toutes ces parties s'appliquent les unes sur les autres, s'adossent, s'étreignent réciproquement, et dans ce mouvement spasmodique et rapide, *spatium nullum remanet intermedium*, comme le disaient les deux Albinus un peu plus haut.

Telle est l'histoire de la déglutition par Albinus et Haller : tous leurs efforts ont porté, on le voit, sur le second temps, sur le mécanisme par lequel le bol passe de la bouche dans le pharynx, sans que quelque parcelle de sa masse entre dans la glotte ou les arrière-narines. Pour ce qui est du mécanisme du premier temps et du troisième, alors comme aujourd'hui, il n'y avait nulle discussion. A un siècle de distance Dzondi et Gerdy devaient reprendre la thèse que nous venons d'exposer et la compléter en faisant intervenir plus activement les piliers postérieurs.

En regard de la théorie de ces grands auteurs, analysons maintenant l'opinion soutenue par Valsalva et Boerhaave.

Ainsi que nous l'avons dit, Valsalva, professeur à Bologne, publiait son traité *De aure humana* (2), et amené en étudiant la trompe d'Eustachi à examiner son orifice pharyngien, il décrivait le muscle qui s'y insère, et l'ouvre par sa contraction musculaire dans le but physiologique de renouveler l'air contenu dans l'oreille moyenne et de le maintenir toujours à une pression égale à celle de l'atmosphère. « Musculum enim, dit-il, tuba Euschiana sortita est, a quo ubi opus sit eadem potest dilatari. Quod assertum sicut in anatomicis scholis novum est; ita mihi, quem diutina conquisitio, et improbus labor id docuêre. Porro hic novus tubæ musculus ita se habet. Procedunt fibræ carneæ

(1) Ibid., p. 92.

(2) Valsalvæ opera. *De aure humana tractatus.* — Venetiis, 1740 (édit. Morgagni).

ex latere anteriori tubæ Eustachianæ, a parte ejusdem membranacea, necnon a contiguo extremo margine partis cartilagineæ, per totum quidem illud spatium, quod inter tubæ finem et ejusdem osseam partem intercedit. Hinc oblique descendendo, simul collectæ, efformant tendinem per partem inferiorem internæ alæ processus ptérygoïdis excurrentem. Postquam vero hunc tendinem efformarunt et per indicatam pterygoïdis partem excurrerunt; ita tendineæ descendentes, rursus explicantur, et diffunduntur circa inferiorem marginem foraminum nasi internorum in quorum membranâ desinunt; quarum fibrarum tendinearum aliquot interdum cum tendineis fibris musculi comparis, nempe alterius lateris uniuntur. Itaque ex hujus musculi descriptione, si quidem extremorum insertiones attendantur, perspicuum est, hunc aliud præstare non posse; quam duas, quibus annectitur, partes dilatare, tubam nempe Euschianam, et foraminum nasi internorum extremitatem. Quod totum ad evidentiam ipsis oculis potest percipi : nam si musculus iste leviter digitis trahatur, tunc nasi interna foramina tubaque Euschiana dilatantur (1). »

Une observation aussi nouvelle devait avoir relativement au jeu du voile palatin une importance qui n'échappa point à Valsalva, et un peu plus loin, il est amené à parler de la déglutition ; le passage est de la plus grande clarté, il résume exactement l'opinion de l'auteur, entièrement contraire à celle d'Albinus (2) : « Quando itaque cibaria deglutituri versus pharyngem propellimus ; musculi stylopharyngæi hunc, ad latera sursum trahendo breviorem ; at simul latiorem cavitati oris e directo efficiunt, ut melius transmissa cibaria excipere possit. Quæ porro dum excipit, et ope indicandorum musculorum per orificium ad æsopha-

(1) Ibid., cap. II, p. 32.
(2) Ibid., p. 36. (Usus quem præstant in deglutitione uvulæ et pharyngis musculi.)

gum est protrusurus, ne protrusa illa, per orificium ad os in os redeant, aut in nares per orificium ad nares ascendant; tum ambo hæc ultima orificia a musculis suis clauduntur. Nam glosso-staphylini, glosso-pharyngæi, necnon pharyngo-staphylini circa orificium ad os contracti, ipsum, lingua præsertim adjuvante, occludunt. Iidem vero pharyngo-staphylini unâ eâdemque opera uvulæ corpus hinc et hinc trahendo, in valvulam veluti extendunt et extensum simul aliquantulum retro trahunt; quod corpus ita extensum dum ingredientia cibaria impingendo, sursum retrudunt; non possunt non orificium ad nares claudere; maxime cum eodem tempore, satis augustius hoc fit ob eamdem uvulam retro tractam tum per pharyngo-staphylinos, utimodo indicatum est, *tum per salpingo-staphylinos, sanè ad uvulam sursum retro trahendam factos.* » En résumé, pour Valsalva, au second temps de la déglutition, quand le bol passe de la bouche dans le pharynx, il y a deux orifices à clore (nous n'avons pas à parler de l'orifice glottique) pour que le bol n'y pénètre pas, la bouche et les arrière-narines : la bouche est fermée en arrière par les glosso-staphylins, contractés pour obturer l'isthme, et aidés en cela par la racine de la langue ; pour ce qui est du voile *(uvula, corpus uvulæ)* (1), tandis que les pharyngo-staphylins l'étendent comme une valvule, et le tirent, en le tendant, un peu en arrière, les salpingo-staphylins le tirent en haut en l'appliquant sur la paroi postérieure du pharynx.

Rien de plus différent de l'opinion des deux Albinus :

(1) Il faut noter qu'avant S. Albinus les anatomistes désignent le voile du palais sous le nom d'*uvula*, de *corpus uvulæ* ; ainsi fait Valsalva dans les planches de son *Traité de l'oreille* ; ce n'est qu'à partir de S. Albinus que le nom *d'uvula* est réservé à la seule luette et que les noms de *palatum molle*, *palatum staphylinum* désignent tout l'ensemble du voile.

Bernardus Albinus, d'ailleurs, n'hésitait pas à prendre à partie Valsalva, disant en faisant allusion au texte précédent, et en désignant les salpingo-staphylins et les pterygo-salpingo-staphylins : « Immo contrà, ut in deglutitione via in nares rectè claudatur, necesse est quiescant musculi illi, ne contranitantur palato-pharyngæis et constrictoribus isthmi faucium, detracturis et contracturis palatum molle, ut et depellatur deglutiendum, et simul palatum molle cum proxima postica parte faucium ita conveniat, ut pelli in nasum nihil queat (1). »

Nous espérons dès maintenant avoir nettement fait ressortir l'antagonisme des deux théories. Voici, pour achever de montrer combien elles divergent et pour corroborer les observations de Valsalva, les conclusions de l'article de Boerhaave dans les Institutions médicales (2) : après avoir analysé tous les mouvements dont le septum staphylin est susceptible, mouvements sur lesquels nous reviendrons à propos des recherches de Maissiat et Debrou, et de nos propres expériences, Boerhaave observa que dans le moment même où la langue, l'os hyoïde, le larynx, le pharynx font leur mouvement ascensionnel, « les muscles externes et internes de la luette élèvent le voile, le dilatent en tous sens, dirigent et règlent les mouvements de la luette, et ainsi empêchent les aliments de tomber dans la glotte et de revenir par les narines. » Puis quand tous les muscles contractés pour élever ces parties viennent à se relâcher, elles sont ramenées à leur place par les muscles de la région sous-hyoïdienne, le voile redescend de même à la sienne par la contraction directe des glosso et pharyngo-staphylins et la convulsion indirecte des glosso-

(1) *De deglut.*, p. 63 (cap. IV, in quo præcipuæ aliter tradentium opiniones expenduntur).

(2) Instit. de médecine, par H. Boerhaave. Trad. La Mettrie, t. 1, p. 61 à 65, in-18°. — Paris, 1739.

pharyngiens et hyopharyngiens qui tirent en bas les parties sous-jacentes.

Petit, dans deux intéressants mémoires (1), passait, à la même époque, en revue les différentes manières de boire. Toutes ses descriptions sont d'une grande justesse ; voici comme il termine celle qui résume toutes les autres : il montre la langue s'appliquant sur la voûte osseuse ab apice ad radicem, ensuite, « joignant le palais, elle en parcourt toute l'étendue par ses applications au fond de la bouche en un clin d'œil. Mais comme le fond du palais est plus courbé et que cette courbure incline de haut en bas, la langue suit cette courbure en continuant ce mouvement ondoyant jusqu'à l'extrémité de la valvule, où elle porte la salive. Pour lors, la valvule s'élève et permet le passage ; son élévation est toujours la plus grande possible, quoiqu'il y ait peu de liquide à faire passer; le diamètre du passage dépend du plus ou moins de mouvement que fait la langue pour s'approcher de cette valvule. C'est la raison pour laquelle il faut qu'elle fasse un mouvement plus grand pour avaler la salive que pour avaler un peu d'eau » Et dans le second mémoire : « Les ouvertures du nez sont bouchées par l'élévation de la valvule et par le gonflement de la racine de la langue qui la pousse en haut, sans quoi la boisson passerait par le nez (ce qu'on appelle faire du vin de Nazaret). »

En 1718, à propos d'une *observation sur la manière dont une fille sans langue s'acquitte des fonctions qui dépendent de cet organe* (2), de Jussieu établissait l'élévation du voile sans que, contrairement à Petit, la langue fût nécessaire à ce mouvement, puisque le sujet de son observation en

(1) Mém. de l'Acad. des sciences. De quelques-unes des fonctions de la bouche. 1er Mém., 1715, p. 140 et 145 ; 2e Mém., 1716, p. 17 et seq.

(2) *Mém. de l'Acad. des sc.*, 1718, p. 6.

était privé. Cette fille suppléait par l'action des doigts au rôle de la langue pour ramener les aliments sous les dents pendant la mastication et pour les pousser dans le pharynx pendant la déglutition. Littre exposait, la même année, comme étant sienne théorie, le soulèvement du voile palatin, soulèvement qui pouvait aller jusqu'à clore l'isthme naso-pharyngien et à empêcher de tomber dans le pharynx et la glotte des liquides versés dans les fosses nasales (1).

C'est près de Haller et d'Albinus d'une part, de Valsalva, de Boerhaave et de Petit de l'autre, que viennent se ranger la foule des anatomistes de second ordre et de maîtres chargés de répandre l'enseignement médical du haut de chaires moins connues.

Nous avons vu combien peu nous pouvaient servir les écrits de Dionis, sans remonter à Riolan, Vesale, etc.; combien peu ceux de Verheyen, de Verduc : il n'en est point de même de Santorini, de Douglass, de Garengeot; mais encore, parmi les autres auteurs, s'en trouve-t-il beaucoup qui ne sont que l'écho trop fidèle des maîtres, de Haller ou de Valsalva. Voici, entre autres, Sandifort-le-père, professeur à Leyde, dont la volumineuse Myologie n'est que l'exacte copie de S. Albinus. Mot pour mot, il reproduit la description des muscles du voile et de leur action, et ainsi du reste (2).

Le *Dictionnaire universel de médecine*, de James, traduit par Diderot, livre assez important pour l'époque, se tire de ce pas difficile en citant textuellement Winslow et en confessant son incertitude comme lui (3).

(1) V. id., 1718, p. 300 et 304. « *S'il y a du danger de donner par le nez des bouillons, de la boisson ou tout autre liquide.* »

(2) Ed. Sandifort. *Decript. muscul. hom.* Regio VIII, p. 118 et seq. Leyde, 1781.

(3) *Diction. univ. de méd.*, trad. p. Diderot, etc., t. V, p. 293 et seq. Art. Palatum. — 1747.

L'article de l'*Encyclopédie*, par d'Aumont, professeur à l'Université de Valence, est tout empreint d'une confusion qui marque des idées peu arrêtées dans l'esprit de l'auteur (1) : « Le voile étant primitivement élevé (il ne s'agit déjà plus de l'abaissement immédiat d'Albinus au début du second temps) ferme le passage des arrière-narines, et la base de la langue, par son élévation, étant comme renversée en arrière, détermine aisément la pâte alimentaire vers la cavité du pharynx. » Plus loin, il n'en est plus ainsi : l'auteur vient d'admettre que le voile s'élève en même temps que la langue, laquelle, ne l'oublions pas, ne s'élève elle-même qu'avec l'os hyoïde et le pharynx ; voici que maintenant, dans le même temps où s'élève le pharynx, il est nécessaire que le voile soit tiré en bas par les palato-pharyngiens et les thyreo-palatins : « Ces muscles et les glosso-palatins abaissent le voile vers le pharynx et la racine de la langue, ce qui achève de déterminer le bol alimentaire vers le pharynx et lui ferme entièrement toute issue vers la cavité de la bouche. » Ces deux passages cités se contredisent entièrement ; il faudrait pourtant que l'auteur se prononçât, et c'est au sujet de cet article que nous adresserons, pour la première fois, mais non pas la seule, cette question aux écrivains éclectiques, parmi lesquels d'Aumont prend rang au dix-huitième siècle : Vous admettez (2) « que les arrière-narines sont fermées par le voile du palais qui est assez élevé pour empêcher la communication avec les cavités, sans être exactement appliqué à leurs ouvertures, la trompe d'Eustachi étant ainsi bouchée par le relâchement des ptérygo-salpingoïdiens qui servent à en dilater la partie molle et la contraction des pétro-salpingo-staphyliens qui l'affaissent » ; ici vous ren-

(1) *Encyclopédie* ou Dict. raisonné des sciences des arts, etc., par Diderot et d'Alembert, tome IV, p. 753. Art. déglutition.

(2) *Encycl.*, art. cité p. 754.

contrez de suite les objections de B. Albinus, qui déclare que si le voile s'élève dès le début du second temps, les muscles péri-staphylins internes et externes se contracteront, soulèveront le voile, et que cette contraction, jointe à ce soulèvement, empêchera les palato-pharyngiens et les glosso-palatins de contracter et de tirer le voile en bas, c'est-à-dire empêchera le voile de pousser le bol dans le pharynx et de veiller à ce que rien n'entre dans le nez (1). Dans la théorie d'Albinus, il y a contradiction formelle entre l'élévation du voile et l'élévation des parties sous-jacentes : le voile, dès le début du second temps, tiré en bas, s'accole à la langue et au pharynx; il va au devant d'eux pour en serrer le bol et le pousser dans l'entonnoir pharyngien : les muscles élévateurs doivent être au repos, sous peine d'entraver l'acte physiologique. Cette contradiction n'est pas la seule que contienne le texte de d'Aumont, la suivante n'est pas moins grave : l'action du péristaphylin externe, depuis Valsalva, n'était mise en doute par aucun anatomiste, et voici cependant que pour d'Aumont le voile est soulevé et les ptérygo-salpingoïdiens (partie du péristaphylin externe allant du côté sphénoïdal de la portion osseuse et de la portion molle de la trompe au crochet de l'aile externe de l'apophyse ptérygoïde) sont relâchés pour boucher l'orifice œsophagien de la trompe. Ainsi ces muscles qui sont tenseurs et légèrement élévateurs du voile en fixant sa portion aponévrotique, dilatateurs de

(1) « L'élévation primitive du voile ne s'accorde pas avec notre théorie sur le jeu de ce même voile dans la déglutition : elle n'existe donc pas. » Telle est, sans circonlocution, la traduction du passage d'Albinus le jeune, que nous citons de nouveau : « Immo contra, ut in deglutitione via in nares recte claudatur, necesse est quiescant musculi illi (salpingo-staphylini et circumflexi palati mollis), ne contranitantur palato-pharyngæis et constrictoribus isthmi faucium, detracturis et contracturis palatum molle, ut et depellatur degluliendum et simul palatum molle cum proxima postica parte faucium ita conveniat, ut pelli in nasum nihil queat. » (*De deglut.*, cap. IV, p. 63.)

l'orifice pharyngien de la trompe, coadjuteurs des pétro-salpingo-staphylins, sont relâchés, tandis que « les péri-staphylins internes sont contractés afin que la valvule palatine soit assez élevée pour fermer les arrière-narines et empêcher la communication de ces cavités avec le pharynx. » Albinus le jeune avait parfaitement compris l'antagonisme de sa théorie et des observations de Valsalva : aussi avait-il de suite cherché dans son mémoire à montrer que dans la déglutition le voile ne s'élevait jamais ; d'Aumont, pour avoir voulu concilier les dires d'Albinus et de Valsalva, n'aboutit qu'à des inconséquences physiologiques.

Verdier, dans son Anatomie (1), passe si légèrement, que c'est à peine si l'on doit le nommer : « L'action des muscles de la cloison la rend capable, dit-il, de deux mouvements, c'est-à-dire d'être relevée et abaissée : la cloison, en se relevant, va s'appliquer aux ouvertures qui du nez communiquent dans le fond de la bouche pour les fermer, et en s'abaissant, elle s'éloigne de ces ouvertures. »

Lieutaud, dans ses Eléments de physiologie (2), n'attribue aucun rôle au voile : « Linguæ basis elevatur, veloque palatino applicatur, » dit-il seulement. Il s'étend un peu sur l'action de l'épiglotte et ajoute : « Actione variorum musculorum deprimuntur et elevantur os hyoïdes, larynx et annexa lingua; si sterno-hyoïdei, costo-hyoïdei, hyo-thyroïdei et sterno-thyroïdei eadem contractione agant, prædictas partes deorsum, versus pectus scilicet, trahunt. Velo palatino applicantur vi contractili genio-glossorum, stylo-glossorum, mylo et geni-hyoïdeorum et stylo-hyoïdeorum. » Rien qui puisse annoncer quel rôle l'auteur assigne au voile dans son étude.

(1) *Abrégé de l'Anat. du corps hum.*, par Verdier, chirurg. juré, t. I, p. 48, in-18. — 1746.

(2) *Elem physiologiæ*, in-8°. — 1749. « Deglutitionis modus mechanismus, p. 128. »

Dans ses Planches d'anatomie (1), Santorini ne fait point, à proprement parler, la physiologie de la déglutition, mais il traite avec détail l'action de chaque muscle, et arrivant aux péristaphylins externes, il dit : « Officium nupero musculis pharyngo-staphylino, glosso-staphylino et tubæ novo adscriptum observavi; at hi musculi et potissimum musculus tubæ novus palatum molle a naribus abducendo ac cum aliis deprimendo, explicandoque, non postica narium orificia defendere, sed maximum pharyngis orificium quod patet in os, occludere, aut saltem valenter contrahere, omnibus horum musculorum probe nocentibus notum est. » En d'autres termes, les péristaphylins externes, pour Santorini, ont pour action, en éloignant le voile des arrière-narines, non point de les protéger, mais de clore l'orifice pharyngien qui s'ouvre dans la bouche, aidés en cela par les glosso et pharyngo-staphylins. Qui donc pourrait admettre maintenant que les péristaphylins externes ont la même action que les piliers antérieurs et postérieurs, muscles antagonistes, s'il en fut?

Garengeot, dans sa Myotomie humaine et canine (2), étudia avec plus de rectitude la myologie du palais : l'action des péristaphylins externes et internes et leur rôle physiologique sont indiqués, conformément aux inductions que l'on peut tirer des insertions anatomiques. L'ouvrage de Garengeot nous a servi dans notre rapprochement d'anatomie comparée à propos du voile du chien.

Douglass, dans son Anatomie comparée des muscles de l'homme et des quadrupèdes (3), est bien loin de tomber

(1) *Tabulæ septemdicim*, gr. in-4°. — 1775. Tab. VI et VII. Explic., p. 76 et 83.

(2) *Miotomie hum. et can.*, t. I, p. 110 et seq.; t. II, p. 181 et seq. 3e édit., 1750.

(3) *Descript. comparat. muscul. corporis humani et quadrupedis*, Leyde, 1738, p. 57 à 68.

dans l'erreur singulière de Santorini, relativement aux péristaphylins externes, qu'il disséqua avec soin chez l'homme et le chien, et arrivant à la physiologie de ces muscles, dont il a suivi avec soin les attaches et les insertions osseuses et cartilagineuses, il reconnaît avec Valsalva que simultanément, d'une part, ils dilatent et tiennent ouverte la trompe d'Eustache (tubam auris dilatant, apertamque tenent), tandis que de l'autre, quand ils agissent ensemble, leur action est antagoniste de celle des thyreo-staphylins ou piliers postérieurs (cum tubæ novus musculus cum pari suo agit, actioni thyreo-staphilini contraria efficit. Cap. XVIII, paragraphe 80).

Que d'erreurs, du reste, avaient été commises relativement à l'action des muscles palatins, jusqu'à Valsalva ! Il n'est pas jusqu'aux palato-staphylins dont les fonctions avaient été transportées aux péristaphylins externes; ceux-ci purent les recouvrer grâce aux dissections de Valsalva, que l'anatomiste anglais recommença pour son propre compte. C'est encore Valsalva, et après lui Douglass, qui les premiers montrèrent que le péristaphylin interne se portait en se contractant, non vers la luette, mais vers la trompe. (*Nam et primus Valsalva docuit, musculum pterygo-staphylinum internum sive sphæno-pterygo palatinum non ad uvulam sed ad dictam tubam* Cap. VII, paragraphe 80.)

Le *Traité de Physiologie* de Dufieu, chirurgien à l'Hôtel-Dieu de Lyon (1), nous arrêtera peu : il semble que, pour cet auteur, l'antagonisme des deux théories qui se partagent l'enseignement sur ce point de physiologie digestive n'existe pas, et nous trouvons que la théorie de l'élévation primitive du voile ne gagne rien à être exposée d'une façon

(1) *Traité de physiol.*, tome II, p. 448 et seq.

aussi dépourvue de preuves; il semble qu'elle soit la seule et universellement acceptée. Dufieu décrit clairement l'élévation du pharynx, de l'os hyoïde, de la langue, etc., puis il continue : « Le voile du palais sert encore beaucoup à la déglutition; il est capable de beaucoup de mouvements, par l'action de ces muscles et de ceux des parties voisines. Il s'étend et s'élève en formant un plan oblique qui empêche les aliments de passer vers les narines postérieures et les trompes d'Eustache, et la luette, qui est dans son milieu, forme un prolongement utile pour partager les aliments, les faire passer sur les parties latérales de l'épiglotte, dont la configuration paraît propre au même usage, et défend ainsi l'ouverture du larynx de toutes les substances qui pouvaient s'y introduire. Le voile du palais se relâche ensuite et se baisse quand les aliments sont entrés dans le pharynx. » Sans faire attention à cette théorie erronée de l'usage de la luette, nous voyons que le texte de Dufieu se contente d'affirmer sans ajouter aucune preuve.

Grimaud, professeur à l'ancienne Université de Montpellier, étudia de plus près le sujet. Nous citons le passage suivant (1) : « Le pharynx, dans lequel sont poussés les aliments, ne s'ouvre pas seulement dans l'œsophage, quoique ce soit la voie la plus naturelle; il communique encore avec les narines par le moyen des arrière-narines, qui s'ouvrent dans sa cavité. Pour que l'acte de la déglutition puisse s'effectuer, il faut donc couper cette communication qui existe entre le pharynx et les narines, et c'est ce que fait le voile du palais, qui est une continuation et de la membrane qui revêt l'intérieur des narines, et de celle qui est appliquée sur la voûte du palais. Dans l'acte de la déglutition, cette membrane (ou le voile) est relevée et appliquée contre l'ouverture des arrière-narines, qu'elle

(1) Grimaud. *Cours complet de physiol.* recueilli en 1782 et publié en 1818, par le Dr Lauthois. Œuv. posth., tome I, p. 482 et seq.

ferme complétement par l'action des salpingo-staphylins. Le pharynx, fermé du côté de la bouche par l'action de la langue, qui est fortement appliquée contre la voûte du palais, fermé du côté du nez par le voile du palais, qui, s'il ne ferme point complétement les arrière-narines à chaque acte de la déglutition, s'applique au moins sur les aliments et les écarte de ces arrière-narines, le pharynx ne présente d'autre ouverture que l'œsophage, et les aliments passant par ce canal, sont portés dans l'estomac. »

C'est par Sabatier que nous terminerons l'historique du dix-huitième siècle, où ont été nettement posées les bases des deux théories contraires sur l'action du voile. Dans son *Traité d'Anatomie* (1), il étudie tous les muscles de la région palatine, ne dédaignant point les anciens, citant même Dionis; leur action est clairement présentée. Les pharyngo et glosso-staphylins sont abaisseurs du voile et constricteurs de l'isthme; mais l'auteur n'oublie pas de dire que « les pharyngo-staphylins sont quelquefois appelés palato-pharyngiens, parce que leurs attaches au palais étant à une partie solide, ils entraînent plutôt le pharynx de bas en haut que le palais de haut en bas. » Les péristaphylins internes ou supérieurs n'ont d'autre usage que d'élargir et de relever le voile, qu'ils appliquent aux ouvertures postérieures des arrière-narines. Les péristaphylins externes ou contournés (*circumflexi palati*) n'ont d'autre usage que d'élargir le voile, surtout ses parties latérales, parce qu'il s'applique plus exactement à l'ouverture des narines postérieures. La découverte de Valsalva, relativement à la dilatation de la trompe par la contraction de ces muscles, n'est naturellement point oubliée.

Nous arrivons maintenant au dix-neuvième siècle, au

(1) *Traité d'anat.*, édit. in-12, 1777, t. II, p. 222 et seq.

nôtre, et l'antagonisme des deux théories va s'accentuer plus encore. Il s'ouvre par les recherches de Bichat et de Magendie, et par le mémoire estimé de Sandifort le fils, qui renouvellent et rendent plus saillantes encore les différences dont nous avons fait l'exposé.

Parlons d'abord de Bichat. Ce grand homme soutint la théorie de l'élévation du voile; mais, par une erreur singulière de la part de ceux qui sont censés l'avoir lu, il n'est pas représenté seulement comme partisan de l'élévation du voile, mais comme promoteur d'une autre théorie, celle du renversement du voile sur les narines postérieures; le voile culbuterait en quelque sorte pour venir se coller, comme une porte, sur les arrière-narines. C'est la théorie dite du *pont-levis*. Après avoir fait très-consciencieusement nos recherches bibliographiques, nous sommes encore à nous demander dans quel texte de Bichat on a lu que le voile du palais culbutait comme un pont-levis pour se renverser sur les orifices postérieurs des fosses nasales. Comment l'opinion de Bichat sur l'occlusion naso-pharyngienne a-t-elle pu être ainsi dénaturée, et comment se peut-il que dans nos meilleurs et plus récents ouvrages de physiologie, dans Bérard, Longet, Küss, par exemple, on trouve encore l'expression de cette interprétation erronée, qu'une simple confrontation de texte devait faire cesser? Reportons-nous au seul passage que l'on puisse invoquer pour lui prêter une telle opinion; voici ce que nous lisons. Bichat vient de montrer le bol alimentaire franchissant l'isthme du gosier : « Voyons maintenant, dit-il, comment se comporte le voile du palais dans ce trajet. Les deux péristaphylins se contractent, l'interne pour soulever, l'externe, dont l'action ne doit s'exprimer que de l'endroit de sa réflexion, pour élargir en même temps le voile qui s'applique alors sur l'ouverture postérieure des cavités nasales et sur l'orifice de la trompe d'Eustache, afin de prévenir le passage des aliments dans l'une ou l'autre. C'est même lorsque ce mouvement ne s'est pas effectué convenablement qu'on voit une partie du bol passer dans les fosses nasales, ou bien revenir par la bouche, ou enfin le fluide s'engager dans la trompe d'Eustache. J'observe au reste que ce *soulèvement* du voile, au moment de la déglutition, est singulièrement favorisé par l'élévation de la base de la langue et du pharynx, d'où résulte le relâchement des piliers et par conséquent des glosso et pharyngo-staphylins. Les parties conservent le même rapport jusqu'à ce que le bol ait déjà parcouru un certain trajet dans le pharynx ; alors, plusieurs circonstances concourent à l'abaissement du voile : d'abord son propre poids, par suite du relâchement des muscles qui l'avaient élevé; puis la contraction des glosso et pharyngo-staphylins jointe aux tiraillements des piliers, occasionnés par l'abaissement de la base de la langue et du pharynx (1). » Tel est sans doute le passage qui a été invoqué pour charger Bichat de cette malencontreuse et invraisemblable théorie du pont-levis. Comment, *à priori*, penser qu'un anatomiste de la valeur du grand médecin de l'Hôtel-Dieu ait été, renchérissant sur Boerhaave, J.-L. Petit et les autres partisans de l'élévation primitive, non plus s'en tenir à cette élévation, mais admettre un renversement, une culbute du voile sur les fosses nasales postérieures? Bichat dit simplement que le voile s'applique, en s'élevant, sur l'ouverture des cavités nasales. L'expression est un peu vague, et la plume si précise et si belle de l'auteur des *Recherches physiologiques sur la vie et la mort* aurait dû peut-être mieux marquer le sens et la portée de l'idée véritable ; mais le mot *soulèvement*, tracé deux lignes plus bas, n'aurait-il pas dû aussi corriger dans l'esprit des lecteurs

(1) Anat. descript., t. II, p. 50. — 1800. On sait du reste que Buisson et Roux ont écrit la plus grande partie de cet ouvrage qui porte le seul nom de Bichat.

l'idée fausse qu'ils s'étaient précipitamment faite de la conception de Bichat? Mais telle est la rapidité avec laquelle se forme l'opinion du grand nombre, que Bichat reste accusé de cette théorie bizarre du pont-levis dans tous les livres classiques, et que, bien plus, quand on parle de la seule élévation du voile, on vous répond en disant que le voile ne se *renverse* pas, comme le croyait Bichat; c'est du moins ce que nous avons entendu plusieurs fois. Nous nous en tenons, quant à nous, à l'interprétation la plus vraisemblable du texte précédent, celle de l'élévation pure et simple.

Après Bichat, Magendie étudia le même sujet dans sa thèse inaugurale (1). Dans sa description, le contact du bol, loin de donner lieu à l'abaissement du voile, cause son élévation : « Celui-ci s'élève, devient horizontal et fait en quelque sorte suite à la voûte palatine; la langue continue de s'élever et de porter en arrière le bol, s'appliquant au voile du palais comme elle fait à la voûte palatine. Dans cette circonstance, outre qu'il empêche le bol de se diriger vers les narines postérieures, le voile du palais remplit absolument la même fonction que la voûte osseuse du palais. Les piliers lui font opposer une résistance suffisante à la pression de la langue. Au moyen de cette résistance du voile, de la continuation de l'élévation de la langue, le bol arrive au pharynx. » Pour terminer le second temps, après que le pharynx, s'étant contracté et dirigé en haut et en avant pour avaler le bol, tend à reprendre sa place, il est possible, pour Magendie, qu'en revenant sur lui-même, c'est-à-dire en s'abaissant pour redevenir à peu près vertical, le voile concoure à pousser le bol en bas. Mais, on le voit bien, dès que la déglutition commence, l'auteur signale l'ascension du voile devenant

(1) Th. de Paris, 1808, n. 21. Essai sur les usages du voile du palais. — Mém. sur l'épiglotte dans la déglut., 1813, — et Précis élém. de physiol., t. II, p. 63. — 1833.

horizontal, de manière à faire suite à la voûte palatine et empêchant, par la tension qu'il reçoit des péristaphylins externes et la résistance qu'il oppose à l'action de la langue, l'entrée des aliments dans la cavité naso-pharyngienne. J. Muller ne s'y trompa point. D'ailleurs : partisan de la théorie d'Albinus, il rangea Magendie à côté de Bichat, parmi ceux qui soutenaient la théorie erronée à ses yeux, de l'élévation primitive (1). On sait d'ailleurs que les travaux de Magendie ont éclairé particulièrement, par la section des laryngés et des récurrents, l'occlusion glottique. Les recherches de son illustre successeur au collége de France, M. Claude Bernard, ont complété le sujet (2).

Autour du grand nom de Bichat, nous devons ranger ceux de Chaussier, de Richerand, de Boyer, d'Adelon, lesquels, dans leurs écrits et dans les dictionnaires du temps, n'admettent point d'autre théorie que celle qui leur parut prouvée par Bichat et Magendie.

Richerand, dans sa *Physiologie* (3), qui fut pendant près de trente ans, jusqu'à l'apparition des livres de Magendie et d'Adelon, le seul traité sur la matière mis entre les mains des jeunes générations médicales, n'enseigna point d'autre doctrine : « Le bol, dit-il, pressé entre la voûte du palais et la face supérieure de la langue, glisse sur le plan incliné que celle-ci lui présente, et, poussé par sa pointe, qui se recourbe en arrière, il franchit l'isthme du gosier. Les mucosités que les amygdales laissent exsuder à leur surface facilitent son passage. Lorsque le bol est ainsi tombé dans l'arrière-bouche, le larynx, qui s'était élevé en se portant en avant et en entraînant le

(1) J. Muller. Manuel de phys., t. I, p. 402 (trad. Jourdan). — 1845.

(2) Leç. sur la physiol. et la path. du syst. nerv., t. II, XI et XIV leçons. — Paris, 1858.

(3) Nouv. élém. de physiol., par A. Richerand. — 1801.

pharynx dans ce mouvement, s'abaisse et se porte en arrière. Ce dernier organe, stimulé par la présence des aliments, se contracte et les ferait en partie rétrograder par les fosses nasales, si le voile du palais, relevé par l'action des péristaphylins internes, tendu transversalement par les péristaphylins externes, ne se portait vers leurs ouvertures postérieures et les orifices gutturaux des trompes d'Eustachi. Quelquefois, la résistance qu'il oppose est surmontée, et les aliments ressortent en partie par les narines. »

Boyer, dans son *Anatomie* (1), étudiant les péristaphylins internes, ne leur voit point d'autre usage que « de relever le voile et d'empêcher l'introduction des aliments dans les fosses nasales. Quant aux péristaphylins externes, ils tendent le voile et s'opposent efficacement à l'entrée du bol comme les précédents. » Dans sa *Splanchnologie*, il est plus explicite encore : « Pendant que l'épiglotte couvre exactement l'ouverture du larynx et en défend l'entrée aux aliments, le voile du palais, relevé par l'action des muscles péristaphylins internes, étendu transversalement par celle des externes, applique son bord libre contre la paroi postérieure du pharynx, il empêche les aliments d'entrer dans les fosses nasales, comme cela arrive lorsque le voile du palais est détruit en totalité ou en grande partie, ou lorsque, pendant l'acte de la déglutition, nous voulons parler ou rire. »

Chaussier (2), dans ses *Tables synoptiques*, ne comprend point d'une autre manière l'occlusion naso-pharyngienne : « Tandis que la saillie de la base de la langue déprime l'épiglotte et produit l'occlusion momentanée de la glotte, le septum-staphylin, élevé et tendu par ses muscles, forme

(1) *Traité d'anat.*, 4e édit., 1815, t. II, p. 104; t. IV, p. 213. Myol. et splanch.

(2) *Cours d'anat.*, table synopt. de la digest., section IV.

un plan incliné qui couvre les arrière-narines et le conduit guttural du tympan. »

L'article *Digestion* du *Dictionnaire des sciences médicales* (1), qui résume toutes les connaissances dont l'art de guérir est formé, dans la première partie de notre siècle, nous a paru important à consulter : la rédaction en fut confiée au professeur Chaussier et à Adelon. Ces auteurs viennent de décrire les mouvements de la langue, des muscles buccaux, des dents, pour amener le bol sur la face dorsale de la langue, et ils continuent : « Par tous ces efforts réunis, le bol alimentaire franchit donc l'ouverture du voile et arrive dans le pharynx : le voile du palais, en même temps qu'il contourne le plancher supérieur de la bouche et fait suite à la voûte palatine, ferme toute communication entre le pharynx et les fosses nasales postérieures, il empêche aussi que les aliments ne pénètrent dans cette dernière cavité ; ce sont les muscles péristaphylins internes qui le relèvent, et les externes qui l'élargissent dans cette vue. L'élévation de la base de la langue et du pharynx, qui a lieu alors, rend d'ailleurs ce relèvement plus facile, en tirant moins vers le bas, les muscles glosso et pharyngo-staphylins, qui, comme on sait, en forment les piliers. Si l'on respire pendant la déglutition, « si par une cause quelconque, le voile du palais, relevé et devenu horizontal, est momentanément abaissé, et n'est pas exactement appliqué au pharynx, de manière à fermer toute communication de cette cavité avec les fosses nasales, alors les aliments pénètrent dans celles-ci, ce qui est la cause de sensations désagréables. »

Il n'est pas jusqu'au *Dictionnaire en trente volumes*, qui doit au mérite rare de ses rédacteurs d'être encore

(1) Tome IX, art. digestion, p. 403, par Chaussier et Adelon. — Paris, 1814.

consulté aujourd'hui avec fruit, dont la première édition n'ait accepté de patronner la théorie de l'élévation du voile, par la plume de Rullier, médecin à la Charité.

Adelon, enfin, dans son *Traité*, paru en 1831 (1), reproduit exactement les mêmes idées qu'il avait exprimées dans son article de 1814, avec Chaussier : « Le voile du palais, dit-il, est un prolongement musculo-membraneux qui n'existe que dans les quadrupèdes, et en guise de soupape, sert à notre gré à fermer toute communication entre le pharynx, qui est en arrière, et l'ouverture postérieure des fosses nasales ou la cavité de la bouche en avant. Si le voile du palais est relevé, l'ouverture postérieure des fosses nasales, est bouchée, et le pharynx ne communique plus qu'avec le nez. » Et plus loin : « Le bol arrive à l'isthme du gosier et s'y engage, relevant mécaniquement le voile du palais, ou mieux celui-ci, se relevant spontanément par le jeu de ses muscles propres. Le voile du palais, relevé et devenu horizontal, semble faire suite à la voûte palatine, et le bol, continuant d'avancer par le jeu de la langue, se trouve enfin correspondre immédiatement à lui. Alors, le bol, comprimé ainsi entre le septum-staphylin en haut et la langue en bas, continue d'avancer. Cette action du voile est le résultat des muscles staphylins externes, qui entrent dans sa structure, et de ses piliers, qui semblent le soutenir et l'attachent à la langue. Ce bol glisse d'autant plus aisément entre ces deux puissances, qu'il continue d'être lubréfié par les sucs muqueux. »

Nous voyons donc que, de 1800 à 1830 environ, l'enseignement officiel en France ne connut guère, à l'endroit de l'occlusion naso-pharyngienne et du rôle du voile dans la déglutition, que la théorie dont on peut considérer Valsalva et Bichat comme les deux plus illustres promoteurs.

(1) Physiol. de l'hom., t. II, p. 347 et 420. — Paris, 1831.

C'est à ce moment que Gerdy en France, et Dzondi en Allemagne, reprenant les idées d'Albinus, renouvelées par le mémoire non oublié de Sandifort le fils, soutinrent de nouveau avec éclat la théorie de l'abaissement primitif, compliqué du resserrement simultané des piliers, à laquelle on donna le nom expressif de *théorie du rideau.*

Sandifort le fils (1), dans son travail souvent cité d'ailleurs, ne nous paraît guère qu'avoir réédité purement et simplement les idées des deux Albinus. « Sous l'action des stylo-glosses, dit l'auteur hollandais, la base de la langue s'élève en arrière, s'élargit, se tuméfie, et s'adapte d'une admirable façon au voile du palais et à la partie postérieure du gosier. Le voile du palais, de son côté, s'applique sur la langue, est rendu concave dans sa partie supérieure et sur les côtés par les palato-pharyngiens, ces constructeurs de l'isthme, et est entraîné en bas, si bien que le bol est fortement saisi, que les tonsilles situées entre les deux piliers du voile sont comprimées, et que le mucus qu'elles secrètent s'écoule au moment même où la voie a besoin d'être lubréfiée. » J. Sandifort inséra dans son mémoire quelques figures explicatives qui complètent sa pensée. Nous reproduisons d'après lui une coupe verticale de la tête, passant par la ligne médiane, et montrant le rôle et la position du voile au moment où se présente le bol. (Planche II, figure I.)

Le professeur Gerdy (2) accentua d'une façon bien plus vive le débat : dès le début, il nie l'élévation du voile; il déclare cette action « aussi inutile que peu démontrée, » reprend pour son compte les idées d'Albinus, de Sandifort, adopte et précise celles de Dzondi, et propage le tout

(1) Sandifort (P.-J.). « *Deglutitionis mechanismus, verticali sectione narium, oris, et faucium illustratus.* » Dissert. inaug. Leyde, 1805, p. 23.

(2) Préface de la physiol. médicale, didactique et critique, par P.-N. Gerdy. — 1830.

dans ses cours, dans des communications orales et dans ses écrits, avec un éclat et une force de persuasion, qui sont rarement sans effet, venant d'un homme d'un mérite reconnu, occupant une haute position officielle.

Malheureusement les principes scientifiques sur lesquels s'appuyait alors le professeur Gerdy pour entreprendre ses recherches physiologiques et justifier leur résultat, enlèvent, c'est du moins notre modeste avis, à ses travaux, une grande partie de leur valeur. Dans la préface, publiée séparément, dont il fit précéder ses travaux de physiologie (1), il eut soin de donner l'esprit de sa méthode ; et, sans doute impressionné, effrayé même par les audaces expérimentales de Magendie, il ne craignit pas d'avouer qu'un des motifs qui le portaient à entreprendre la publication de son ouvrage, « c'est que depuis la fin du siècle dernier la physiologie employait exclusivement le même moyen de recherches à la solution des questions les plus disparates et paraît n'en plus reconnaître d'autres que les expérimentations : autant elle est active de ses mains, autant elle est peu raisonneuse de son esprit. Nous voudrions voir la physiologie étudiée d'une manière moins rétrécie et envisagée sous un point de vue plus vaste (2). » Nous ne croyons pas, comme l'avance encore Gerdy, que « l'observation et le simple raisonnement » soient seuls les procédés capables d'agrandir le cercle des études physiolo-

(1) M. le professeur Broca et M. Beaugrand, bibliothécaire de la Faculté, viennent opportunément de réunir en volumes la collection des écrits de Gerdy, épars dans les journaux et les revues, et en commencer la publication cette année chez Asselin.

(2) Il nous paraît curieux, à plus d'un titre, pour accentuer la pensée de Gerdy, d'ajouter la citation suivante : « Le laboratoire de la Physiologie, dit-il, ressemble moins au cabinet d'un homme méditatif qu'à un lieu de meurtre et de carnage où retentissent sans cesse les plaintes et les cris des bêtes expirant au milieu d'affreuses tortures. Sourde à leurs douleurs, la Physiologie contemple volontiers

giques et de les faire envisager sous un point de vue plus vaste, et ses critiques, un peu plus passionnées qu'il ne convient, nous ont mis en défiance, surtout quand nous les comparons aux expériences, si fines et si peu sanglantes, d'ailleurs, que Maissiat et Debrou établirent pour combattre les conclusions de l'éminent chirurgien.

Quoi qu'il en soit, les écrits de Gerdy persuadèrent un grand nombre d'esprits; ils firent époque, et nous en devons ici l'exposé.

Gerdy pense donc qu'avant lui, on n'a décrit que très-imparfaitement le mécanisme de la déglutition (1). Magendie notamment, qui porta plus de clarté encore dans la classification naturelle des trois temps distincts de la déglutition, ne fit qu'accentuer une erreur trop commune, et Gerdy, tout en distinguant deux actes dans le passage du bol de la bouche dans l'œsophage, fit entièrement différer ces actes de ceux qu'on avait admis; il est vrai que, ici encore, le jeu du voile dans le second temps était essentiellement la cause de ces divergences nouvelles. Avec Bichat, avec Magendie, on admettait que les aliments étaient poussés par la continuation du mouvement de la langue dans le pharynx, en raison même de l'élévation du voile, prolongeant la voûte palatine osseuse; Gerdy conduit seulement dans son premier temps le bol jusqu'à l'isthme;

en riant l'horreur de leurs mouvements et les angoisses de leurs souffrances; et puis, s'extasiant sur les difficultés et les obstacles vaincus et comparant particulièrement les peines et les fatigues corporelles de l'expérimentateur au travail du penseur dans son cabinet, elle place, sans hésiter, les œuvres manuelles de l'homme qui expérimente au-dessus des opérations toutes intellectuelles de l'homme qu réfléchit. » Préface citée, p. viij et seq.

(1) V. Gerdy, journal de Férussac, 1810. — Préf. de la Physiol. didact., p. lj et seq., 1830. — Bulletin univ. des sc. médic., janvier 1830. — Dict. en 30 vol., 2e édition. Commun. or. à Rullier, art. *Deglut.*, t. X, p. 304, 1835. — In Th. de Debrou, Communicat. or., p. 11, 1841.

dans le même instant, par une contraction simultanée et comme convulsive, le voile s'abaisse, la base de la langue se soulève, ainsi que les constricteurs du pharynx, qui le resserrent dans sa circonférence et le raccourcissent de bas en haut; l'os hyoïde, le larynx sont poussés sur la base de la langue, et l'œsophage rapproché de l'isthme est béant au-devant du bol. Tous ces mouvements sont instantanés, le deuxième temps est déjà presque accompli. L'action du voile, convulsive aussi, se produit dans le même moment que celle de la langue et du pharynx : le voile s'abaisse dès l'arrivée du bol à l'isthme bucco-pharyngien, il se colle contracté sur la racine de la langue, l'étreint, et pousse le tout en bas par l'action des stylo-pharyngiens, des pharyngo et glosso-staphylins; dans la communication orale à Debrou, Gerdy ajoute que les constricteurs supérieurs embrassent le voile par son bord libre et sa face postérieure, le compriment de haut en bas et d'arrière en avant, et le tirant avec le bol, tendraient même à l'avaler avec le bol, s'il n'était lui-même retenu par des insertions fixes solides : le voile presse et chasse le bol en bas, le pharynx presse et chasse le voile; il y a en quelque sorte un sphincter inscrit dans un autre sphincter. Le troisième temps de Gerdy est d'ailleurs semblable au troisième et dernier temps des autres physiologistes, le bol est conduit dans l'estomac à travers l'œsophage par son propre poids et par les contractions propres du conduit musculo-membraneux, lubrifié comme le pharynx.

Gerdy n'a point négligé de compléter son étude du jeu du voile, en disant comment il entend l'occlusion naso-pharyngienne. Pour lui, *les aliments ne passent pas dans les fosses nasales, comme on l'a dit, à cause de l'élévation et de la tension du voile : cette action, qui serait opérée par les péristaphylins externes et internes, est aussi inutile que peu démontrée*. Avec Dzondi (1), il admet que l'action des muscles stylo et surtout staphylo-pharyngiens resserre l'orifice pharyngo-staphylin qui conduit aux narines postérieures, et cette constriction est telle que ces deux muscles ou piliers postérieurs rapprochés l'un de l'autre sur la ligne médiane, comme les deux pans d'un rideau, constituent un sphincter elliptique à plan oblique, lequel s'oppose directement au passage des aliments dans les fosses nasales. Ainsi est hermétiquement faite l'occlusion de l'isthme naso-pharyngien. Pressé alors, comme il a été dit, par la constriction simultanée des deux staphylo-pharyngiens, du pharynx, de la langue accolée au corps du voile, ne pouvant ainsi rétrograder à cause de tous ces obstacles qui le repoussent de la cavité buccale et de la cavité naso-pharyngienne, le bol entre nécessairement dans l'ouverture supérieure de l'œsophage. Telle est très-exactement résumée la théorie que Gerdy a publiée en ses nombreux écrits sur ce sujet. Disons même, pour plus de netteté encore, que pour l'éminent chirurgien physiologiste, les aliments ne remontent dans la partie supérieure du pharynx et dans les fosses nasales que lorsque le voile s'élève par un mouvement antiphysiologique dans le second temps, c'est-à-dire lorsque la déglutition est troublée, comme lorsque l'on parle en avalant (2). La théorie de Gerdy et de Dzondi a reçu, comme la prétendue théorie de Bichat, un nom caractéristique, c'est *la théorie du rideau*.

Gerdy et Dzondi entraînent en France et en Allemagne tous les esprits à leur suite : il n'est pas un anatomiste, pas un physiologiste qui ne se fasse l'écho de la théorie du rideau. Sur la foi des deux savants elle pénètre dans l'en-

(1) Les fonctions du voile du palais. Halle, 1831.

(2) Dict. en 30 v. Comm. or. à Rullier, t. X, p. 305.

seignement officiel (1). Mais cette réaction un peu passionnée ne devait pas tarder à être suivie de véritables expériences qui vinrent, non sans quelque ironie, par leur netteté et leur simplicité irréfutables, singulièrement contrarier les affirmations précédentes.

Nous arrivons, en effet, aux belles recherches de Maissiat et Debrou, si ingénieuses et si probantes qu'elles dominent pour nous toute l'étendue du sujet : on le verra bien, du reste, au langage de tous les physiologistes qui ont traité, après eux, de la déglutition, surtout aux hésitations de ceux qui se sont déclarés *à priori* partisans des idées d'Albinus, de Sandifort et de Gerdy. C'est, du reste, du sein de l'École que sont sorties ces expériences délicates, puisque Debrou était prosecteur, et Maissiat agrégé à la Faculté de Paris.

L'année même où Maissiat publiait son travail, en 1838, Bidder, par le hasard en quelque sorte opportun d'un traumatisme, avait pu observer les phénomènes de la déglutition sur un jeune homme qui avait perdu le maxillaire supérieur d'un côté ainsi que l'os jugal. Il vit donc la face supérieure du voile du palais par le grand vide trauma-

(3) L'Ecole de Paris, représentée à nos yeux par le Dictionnaire en trente volumes, où écrivent Béclard, les Bérard, les Cloquet, P. Dubois, Laugier, Orfila, Rostan, Trousseau, Velpeau, abandonne la théorie de l'élévation pour adopter l'opinion contraire : c'est Rullier, qui, n'ayant aucune opinion personnelle sur la matière, sera chargé de laisser là les idées émises dans la première édition et adoptera celles de Gerdy pour la seconde (1835), « car elles nous semblent, dit-il, plus justes sous beaucoup de rapports que celles qu'on avai émises sur ce sujet. » (p. 3)4).

L'Ecole de Montpellier, par la plume du professeur Dugès (1), sans se montrer si vive que Gerdy, si convaincue que Rullier, et sans affirmer d'une manière si précise le rôle des piliers, ne nous en renverra pas moins à la dissertation inaugurale de J. Sandifort, comme étant le dernier mot d'une question entièrement élucidée.

(1) *Traité de physiol.* par A. Dugès, t. II, p. 341 et seq. Montpellier, 1838.

tique communiquant avec la cavité naso-pharyngienne, et constata qu'à chaque mouvement de la déglutition, malgré les conditions défavorables où se trouvait le blessé pour déglutir normalement, le voile incliné naturellement en bas, s'élevait au point de devenir horizontal : il consigna ses observations dans un travail paru à Dorpat (1).

Tout le monde connaît l'important travail de Maissiat sur la déglutition. Sa théorie du mécanisme de cet acte physiologique, quelque ingénieuse qu'elle fût, n'a d'ailleurs pas été admise ; rappelons-la en quelques mots : par suite de l'ampliation et de l'ascension de la cavité pharyngienne que l'élévation du voile contribue à agrandir, le larynx étant clos par la contraction de la glotte et l'abaissement de l'épiglotte, les arrière-narines étant fermées par le septum staphylin, l'air ne circule plus dans le pharynx ; c'est alors que le bol est précipité d'arrière en avant dans cette cavité vide comme une cloche pneumatique par la seule pression atmosphérique : c'est la saccade involontaire de la déglutition. Telle est cette théorie en substance. Mais, chemin faisant, pour la prouver, Maissiat a institué des expériences extrêmement fines qui prouvent l'élévation du voile pour sa propre théorie tout aussi bien que pour celle de Bichat et de Magendie ; nous nous en servirons naturellement sans nous croire tenu de reproduire sa doctrine tout au long pour l'approuver ou la discuter : cette tâche ne rentre point dans notre sujet. Maissiat ne se trouvait-il pas d'ailleurs en présence de Gerdy et de l'excommunication portée contre l'élévation du voile? Or, cette élévation lui paraissait aussi nécessaire pour l'exposé de ses idées qu'elle était évidente et réelle : il institua des expériences élégantes et rigoureuses qui la prouvèrent nettement.

(1) Nouv. observ. sur les mouvements du voile du palais, p. 14. — Dorpat, 1838.

Comme lui, pour les idées que nous voulons émettre, nous en faisons usage, après les avoir scrupuleusement reproduites.

Maissiat (1) admet qu'il y a deux moments dans le second temps de la déglutition : dans le premier moment le voile s'élève, dans le deuxième il s'abaisse. Pour ce qui est de ces deux mouvements d'élévation et d'abaissement, l'un se produisant le premier quand l'aliment franchit l'isthme, l'autre quand il entre dans l'œsophage ; voici comment Maissiat les prouve, et comment aussi il prouve, point capital, l'ordre dans lequel se succèdent les deux phénomènes. Nous le suivrons fidèlement dans ses expériences.

Pour prouver que dès le commencement du second temps de la déglutition le voile s'élève, il institue l'expérience suivante : « Qu'on se tienne le nez pincé, dit Maissiat, la bouche étant close, et qu'on fasse effort pour respirer : l'ouïe est alors assourdie d'une certaine manière, et cet état persiste, si on ne fait aucun autre mouvement que celui pour laisser les narines se rouvrir. Quand les narines sont redevenues libres, avalez quelque chose, votre salive, l'ouïe se rétablit parfaite. Cette expérience est bien connue des physiciens, et le premier effet est produit par la courbure concave en dehors de la membrane du tympan, résultat éloigné de la raréfaction de l'air vers l'orifice des trompes d'Eustachi. Cette raréfaction a eu lieu lors de l'effort pour inspirer, et pendant cette raréfaction les trompes ont passivement permis à l'air qui était renfermé dans l'oreille de se mettre en équilibre avec l'air raréfié du pharynx. Une portion de l'air de l'oreille est donc sortie en vertu de son excès d'élasticité ; la membrane du tympan est devenue concave en dehors, et quand l'équilibre a été établi, les lèvres des trompes cessant

(1) Th. inaug., Paris, 1838, p. 63 et seq. *Quel est le mécanisme de la déglutition ?*

d'être disjointes par l'air sortant de l'oreille, sont revenues au contact.

« Plus tard quand la pression atmosphérique a été rendue, ces mêmes lèvres appliquées par elle plus fortement l'une à l'autre, ont empêché qu'un second équilibre ne se fît ; l'air de l'oreille est resté raréfié relativement à l'air atmosphérique, et la membrane du tympan a persisté dans son état concave en dehors.

« Mais, quand avec cette liberté des narines, la déglutition s'est faite, les lèvres de l'orifice des trompes étant alors disjointes de force par la contraction de leurs dilatateurs, et ainsi un passage ouvert existant de l'extérieur jusque dans l'oreille, par le nez, les fosses nasales, le haut du pharynx, l'orifice béant des trompes, l'équilibre normal a dû se rétablir, les deux faces de la membrane du tympan ont eu la même pression, celle de l'atmosphère, à supporter, partant cette membrane est devenue plane et l'ouïe parfaite. »

Que signifie cette expérience ingénieuse dont chacun peut vérifier l'exactitude? Elle nous apprend qu'au début même du second temps, les dilatateurs de la trompe se contractent, or, ces dilatateurs sont tenseurs du voile et leur action concorde avec celle des élévateurs, des péristaphylins internes : donc le voile est élevé, et l'instant de cette élévation est celui où la dilatation des trompes a lieu.

Voici maintenant comment Maissiat prouve l'abaissement : « Cette dilatation des trompes est accompagnée d'un petit bruit sensible, surtout quand on boit le nez étant clos, comme dans l'expérience suivante que je vais dire dans un autre but. Tenez-vous encore le nez pincé, et avalez votre salive, un effet de même nature que celui de la première expérience, c'est-à-dire de raréfaction de l'air vers l'orifice des trompes et d'assourdissement de l'oreille, en résultera, mais moindre que lorsqu'on faisait un grand effort d'inspiration. — Le moyen suivant rendra le fait plus sensible : Je prends un tube d'environ deux millimètres de diamètre et de cinq décimètres de longueur : je donne à ce tube, en le recourbant la figure du chiffre 7, telle qu'on la trace à la main ; je garnis l'orifice supérieur (en prenant soin de ne pas l'obstruer) d'un bouton de cire à modeler ; j'ajuste cette extrémité du tube, hermétiquement fermée, à une de mes narines ; je pose l'autre ou le pied dans un vase où est de l'eau colorée, je ferme du doigt l'autre narine, et je bois, à l'aide d'un chalumeau coudé dans un vase placé latéralement de manière à ne pas gêner l'observation du tube tenu dressé devant moi.

« On voit alors qu'à chaque deuxième temps de la déglutition il se produit un mouvement brusque et oscillatoire du liquide, lequel s'élève aussi dans le tube à quelques centimètres de hauteur : cet effet est constant et évident à distinguer de quelques autres mouvements de liquide, étrangers au deuxième temps de la déglutition, et provenant surtout, je crois, de ce que la respiration (qui, sans l'occlusion des narines serait libre, excepté pendant ce deuxième temps comme nous avons vu) influe invariablement sur le niveau du liquide dans le tube, suivant qu'on inspire ou expire. Mais les mouvements ainsi produits ne sont pas brusques et oscillatoires comme il en apparaît à chaque deuxième temps de la déglutition.

« De ces deux dernières expériences on peut conclure que l'abaissement du voile du palais a lieu au deuxième temps de la déglutition. Car évidemment le résultat indique qu'une ampliation se fait alors en quelque point de cette série circonscrite de cavités pleines d'air et communiquant toutes ensemble, le tube, les fosses nasales, les sinus, le haut du pharynx : or il est non moins évident que partout ailleurs les parois de ces cavités sont invariablement fixes, sinon au pharynx. C'est donc là que se fait l'ampliation ; et comme je ne conçois aucun autre mécanisme de cette ampliation que l'abaissement du voile, je conclus que cet abaissement a réellement lieu aussi dans le deuxième temps de la déglutition. »

Il reste à savoir l'ordre dans lequel ces deux mouvements se succèdent : Maissiat se prononce pour la priorité de l'élévation du voile, priorité dont l'importance n'échappera à personne dans le phénomène de la déglutition, puisque d'une part c'est sur cette priorité même que se basait l'occlusion des arrière-narines par le voile élevé et tendu, puisque d'autre part c'était cette élévation primitive qu'Albinus le jeune critiquait chez Valsalva, que Haller, Sandifort le fils, Gerdy et Dzondi n'avaient cessé de nier, et puisqu'enfin c'était au contraire l'abaissement immédiat qui était cause de l'action du voile sur le bol pressé et refoulé en bas. Voici comment Maissiat prouve que l'élévation précède l'abaissement; la démonstration est évidente : « Je répète, dit-il, l'expérience que j'ai citée avant celle du tube : je me tiens le nez pincé, j'avale ma salive, mon oreille est assourdie et l'effet persiste après le mouvement de déglutition. Si l'assourdissement persiste, c'est que la raréfaction de l'air vers les trompes ou l'abaissement du voile qui l'a produite s'est fait en dernier lieu. En effet si l'élévation du voile ou la contraction des dilatateurs eût suivi, l'effet eut été détruit par la remise en libre communication de l'oreille et des cavités sus-pharyngienne, nasale, etc., non amplifiées, c'est-à-dire renfermant dans le même espace, le même air, inclusivement, partant à la même élasticité qu'au début, c'est-à-dire à l'élasticité de l'atmosphère.

« Il y aurait encore motif à tirer la même conclusion que l'abaissement du voile est postérieur à son élévation, de ce fait que lorsqu'on boit au chalumeau, le nez étant tenu pincé et qu'on avale plusieurs gorgées de liquide de suite, un bruit de passage d'air s'entend à chaque coup de déglutition vers l'orifice des trompes. »

A la fin du premier temps nous trouvons le voile abaissé : dès que le second temps commence, il se fait d'abord élévation du voile par la contraction de ses élévateurs ; ensuite vient l'abaissement, c'est-à-dire le retour du voile à la position presque verticale.

Les expériences que peu de temps après, Debrou consigna dans son travail ne sont pas moins concluantes (1). Cet auteur se demande tout d'abord quelle chose, anatomiquement, s'oppose à ce que le voile puisse s'élever : « On le voit, dit-il, fortement tiré en haut et élargi dans plusieurs mouvements dont je parlerai plus loin. Chacun des deux muscles péristaphylins internes tirant le voile en haut et en dehors, leur contraction simultanée doit le porter évidemment en haut et en arrière. Pourquoi donc ce mouvement n'aurait-il pas lieu dans le deuxième temps de la déglutition? D'autant mieux que la base de la langue et le pharynx venant à s'élever, les piliers détendus laissent aux élévateurs leur libre jeu. » L'expérience de Maissiat et ses conclusions légitimes relativement à la dilatation de l'orifice des trompes par la contraction des péristaphylins externes qui sont eux-mêmes dilatateurs de l'orifice tubaire pharyngien et tenseurs du voile, avaient déjà répondu, mais Debrou ne s'en contente point, et il démontre l'élévation du voile d'une autre manière plus saisissante et plus directe, si c'est possible. « Un liquide ou un aliment solide étant dans la bouche, que l'on introduise un stylet (celui d'une trousse par exemple) sur le plancher de l'une des fosses nasales et horizontalement jusqu'au pharynx, où on le sent appuyer; alors la tête bien

(1) Th. de Paris. Des muscles qui concourent aux mouvements du voile palatin, 1841, p. 7 et seq.

horizontale, avalez : aussitôt on sent un léger choc de la face supérieure du voile contre le bout du stylet qui est dans le pharynx, et en même temps on voit et on suit de l'œil un mouvement du bout du stylet qui fait saillie en avant hors des narines; le bout extérieur du stylet baisse de deux lignes environ, par un mouvement brusque. Si au lieu de laisser le stylet libre et abandonné à lui-même, on le tient avec deux doigts, tout près de la narine, il ne bascule plus en bas par son bout extérieur, mais on sent plus distinctement le choc au fond du pharynx ; faite devant un miroir, cette expérience est facile à vérifier. J'ai vu quelquefois, non seulement le stylet baisser et basculer en avant, mais encore exécuter sur lui-même un mouvement de rotation, ce qui accusait un choc assez fort sur le bout extra-pharyngien. Le corps des muscles péristaphylins, dans leur position verticale, ne saurait être la cause du mouvement imprimé au stylet, car ils ne sont pas en relief sur le bord externe de l'orifice postérieur des fosses nasales ; et d'ailleurs, on obtient le même résultat si on appuie le stylet contre la cloison. Donc évidemment le voile s'élève pendant le second temps et devient *au moins* horizontal. » Comme Maissiat, après avoir prouvé l'élévation du voile, Debrou note qu'il s'abaisse, et ces deux actes étant évidemment successifs il détermine lequel est le premier. » Il me paraît, dit-il, que l'élévation du voile a certainement lieu avant son abaissement, car c'est dès le point initial du deuxième temps d'avaler que se rencontre le choc contre le stylet dans l'expérience que j'ai indiquée. »

C'est ici le lieu de dire, anticipant un peu, que, malgré ses hésitations devant les assertions de Gerdy et les expériences de Debrou, Bérard, rappelait dans son *Cours de Physiologie* une communication orale de Menière, médecin des Sourds-et-Muets, qui « pratiquant le cathétérisme de la trompe d'Eustache, sentait et voyait sa sonde sensiblement déplacée au moment de la déglutition. » Cette note vient évidemment confirmer l'expérience précédente.

Des démonstrations de cette nature durent jeter évidemment quelque trouble dans l'esprit des auteurs impartiaux, et nous l'avouons, cela n'a pas été pour nous un spectacle dépourvu d'intérêt que d'assister, en faisant notre historique, au long défilé des physiologistes qui ont eu à parler de la déglutition, après Gerdy et Dzondi d'une part, Maissiat et Debrou de l'autre.

Le cas était des plus délicats. Voyons comment ces auteurs ont exposé et su concilier deux théories que leurs partisans, tels que les Albinus, Haller, Sandifort, Dzondi et Gerdy pour l'abaissement, Valsalva, Boerhaave, Bichat, Magendie, Maissiat et Debrou pour l'élévation, semblaient avoir rendu vraiment inconciliables.

Albinus le jeune, nous le rappelons, déclarait que les idées de Valsalva rendaient toute déglutition impossible, parce que si les péristaphylins externes et internes n'étaient pas au repos, ils s'opposaient aux contractions des pharyngo et glosso-palatins qui devaient tirer, abaisser le voile et contribuer à le précipiter avec le bol dans l'entonnoir pharyngien. Gerdy allait plus loin encore, et ne faisant plus, comme son prédécesseur, usage de la langue latine, mais de la claire langue française, écrivait, après avoir exposé sa théorie, que *l'élévation et la tension du voile, opérées par les péristaphylins externes et internes pour s'opposer au passage des aliments dans les fosses nasales, étaient aussi inutiles que peu démontrées*. Or il se trouve que des expériences, impossibles à contester à cause de la vérification facile de leur justesse, prouvent l'élévation de ce même voile par les péristaphylins internes et externes, élévation primitive, dès le début du second temps, c'est-à dire dans l'instant même où l'action du voile est indispensable, pour que cet organe s'abaisse et pousse le bol, comme le veulent

Albinus et Gerdy. Les partisans de l'abaissement pouvaient reprocher à ceux de l'élévation, jusqu'à Bichat, de n'avancer que des faits non appuyés de preuves expérimentales, bien que leur thèse ne fût guère riche en appoints de cette nature, témoin Gerdy, qui confesse avoir fait surtout appel, pour justifier le mécanisme de son choix, aux sensations que déterminait dans son pharynx la déglutition de liquides plus ou moins chauds ou froids (1). Mais voici que Bidder, sur un blessé, qui n'aurait pas été mieux préparé par une vivisection pour l'étude des mouvements du voile, observe son élévation primitive à chaque déglutition ! Voici que Maissiat et Debrou mettent cette même élévation primitive sous les yeux de tout expérimentateur ! A quelle théorie, à quel compromis se résoudre?

Disons de suite que tous les auteurs que nous avons eus entre les mains se sont bien gardés d'accentuer un antagonisme, qui était déjà trop frappant. Et cependant la netteté extrême avec laquelle avaient parlé de part et d'autre Gerdy et Maissiat ne laissait point de place à l'hésitation : il fallait opter, ou mieux il fallait adopter l'une ou l'autre doctrine. Pour nous, après les expériences de Maissiat et de Debrou, nous dirons que dès le début du second temps, il faut accepter l'élévation du voile, c'est-à-dire soumettre la théorie aux faits observés et non pas exposer sa théorie d'abord, quitte à nier les faits ou bien à en atténuer les conséquences, si on les admet. Or, nous avons vainement cherché, dans la majorité des physiologistes postérieurs à Gerdy et à Debrou, cette manière d'exposer clairement et méthodiquement le second temps de la déglutition.

Prenons le traité de J. Muller (2) : le physiologiste alle-

(1) Comm. or. à Rullier, art. cité, p. 305.

(2) *Traité de physiol. hum.* (trad. Jourdan), t. I, p. 402 et 403. — 1845.

mand reproduit les idées de Dzondi, il adopte la théorie du rideau en ajoutant : « J'ai répété ces expériences et je les ai trouvées exactes; c'est donc à tort que la plupart des auteurs, entre autres Magendie, soutiennent que l'occlusion de l'arrière-cavité des narines s'opère lors de la déglutition par la tension en haut du voile du palais, mouvement qui ne peut en aucune façon intercepter la communication des deux cavités : c'est au rapprochement des piliers postérieurs qu'est due cette occlusion. » Mais à peine a-t-il fait sienne la doctrine de Dzondi, qu'il relate l'observation capitale de Bidder, dont le blessé élevait son voile à chaque mouvement de déglutition.

Burdach (1), dans son volumineux ouvrage, évitera les inconséquences de Muller en ne citant ni Bidder ni Maissiat : il reproduit fidèlement Dzondi et l'approuve d'avoir démontré « que le voile ne se place pas horizontalement comme on l'admettait jadis. »

En France, le professeur Bérard (2), après avoir reconnu comme Haller toutes les difficultés de la question, commence par critiquer la théorie faussement attribuée à Bichat, celle du pont-levis, puis venant aux idées de Dzondi et de Gerdy, reconnaît que le voile s'abaisse pour presser le bol, saisi en même temps par le pharynx, et que les piliers se réunissent pour faire l'occlusion naso-pharyngienne. Puis il ajoute : « Il reste cependant à déterminer si le voile ne se soulève pas au commencement du second temps de la déglutition. Il est certain, contrairement aux opinions de MM. Gerdy et Dzondi, que ce soulèvement a lieu. » Ici Bérard intercale la description des expériences de Maissiat et Debrou, puis poursuivant : « Je tiens de mon ancien condisciple, M. Menière, médecin des Sourds-

(1) *Traité de physiol.* (trad. Jourdan), t. IX, cap. II, p. 187. — 1841.

(2) *Cours de physiol.*, t. II, p. 23 et 25. — 1849.

et-Muets, qu'une sonde introduite dans la trompe d'Eustache est sensiblement déplacée au moment de la déglutition. Enfin Bidder a observé directement ce phénomène sur un sujet chez lequel, par suite d'une opération, on pouvait examiner la face supérieure du voile du palais. Je pense que, dans le mouvement que nous décrivons, le voile est autant soulevé par la base de la langue qui s'y applique au moment où l'isthme s'ouvre pour laisser passer le bol, que tiré en haut par ses muscles élévateurs. » N'est-ce point là une contradiction, et si Bérard ne partageait pas entièrement l'opinion d'Albinus et de Gerdy, auteurs pour qui l'élévation du voile était incompatible avec la déglutition, n'était-il pas au moins nécessaire de marquer comment, quant à lui, il comprenait la déglutition avec la coexistence des deux mécanismes. Pour nous, nous croyons que Bérard n'avait point d'opinion vraiment personnelle, et inclinait, comme il est coutume en pareil cas, tantôt à droite, tantôt à gauche. En 1833, par exemple, il revoit le livre de Richerand pour la dixième édition (1) : dans la préface il déclare que sa coopération a consisté en additions relatives à la description des fonctions. Or, Bérard connaît les travaux d'Albinus, de Sandifort, de Gerdy, de Dzondi (ces deux derniers sont de 1831), et son article sur la déglutition, légèrement remanié, comme on peut s'en convaincre par la confrontation des deux textes indiqués à notre bibliographie, signale toujours pendant la déglutition l'élévation et la tension du voile par les péristaphylins externes et internes, un peu contrebalancés par les glosso et pharyngo-staphylins : quant au mode d'occlusion naso-pharyngienne, rien qui puisse nous éclairer à ce sujet. Bérard s'en tient-il donc à l'explication de Bichat et de Richerand ; la tension et l'élévation de la valvule palatine

(1) Nouv. élém. de physiol., 10e édit., revue par Bérard aîné, t. I, p. 232 et seq. — 1833.

lui suffisent-elles donc pour empêcher les aliments de passer dans les arrière-narines? Et ne convenait-il pas au moins, puisque l'excellence du livre de Richerand nécessitait une dixième édition, c'est-à-dire la réimpression de l'ouvrage trente-deux ans après sa publication, de le mettre au courant des faits nouveaux par quelque addition ou quelque note à propos des idées contraires de Gerdy ou de Sandifort?

L'ouvrage de Béraud (1), revu par M. le professeur Robin, alors agrégé, nous suggère les mêmes réflexions : Cet auteur avoue que les observations de Dzondi sont exactement faites, et que c'est le rapprochement des pharyngo-staphylins qui ferme la partie supérieure du pharynx. « Muller a répété, dit-il, ces expériences et les a trouvées parfaitement exactes. C'est donc à tort que la plupart des auteurs attribuent l'occlusion des fosses nasales, pendant la déglutition, au soulèvement du voile, mouvement qui ne pourrait pas établir une séparation complète entre les deux cavités; le phénomène est toujours dû au rapprochement des piliers postérieurs. Bidder a bien observé, sur un sujet vivant, chez lequel une opération permettait d'examiner par le nez la surface du voile du palais, que ce dernier s'élevait, pendant la déglutition, jusqu'au point de devenir horizontal. D'ailleurs, ce phénomène d'élévation est incontestable aujourd'hui : il est admis par MM. Debrou et Maissiat, qui l'ont montré au moyen d'expériences ». Ici encore même tiraillement dans l'esprit de l'auteur, même sontradiction de son livre.

Longet, dans son savant traité (2), n'évite pas les confucions de ses prédécesseurs : il admet, avec Gerdy et Dzondi, que les piliers postérieurs jouent le rôle de rideaux :

(1) Elém. de physiol., revus et augm. par M. Charles Robin, tome II, p. 30 et 31, 2e édit. — 1857.

(2) *Traité de physiol.*, 1868-70, t. I, p. 119.

« Les auteurs ont conclu avec raison, dit-il, sur ce point. » Naturellement il lui faut citer les expériences de Debrou, et il ajoute : « Nous devons dire, pour être exact, que le voile du palais s'élève en effet, mais pas assez pour produire l'occlusion naso-pharyngienne ». Il n'est pas jusqu'à la prétendue théorie de Bichat, qui ne soit critiquée comme de coutume ?

Brachet, dans un ouvrage d'ailleurs peu classique (1), critique Haller d'avoir voulu « que la déglutition fût une sorte d'aspiration ou d'attraction ». Pour lui, quand le bol arrive à l'isthme, le voile est soulevé par l'action du bol bien plus que par la très-faible action des muscles élévateurs : proposition qui, on le verra plus loin, est entièrement fausse. L'auteur n'épargne pas Gerdy, bien qu'il admette avec lui que le voile, à l'aide des glosso-staphylins et des péri-staphylins internes et externes, la base de la langue et les constricteurs supérieurs du pharynx se rapprochent les uns des autres pour presser le bol et le précipiter dans l'entonnoir pharyngien, car il ajoute : « Nous ne croyons pas avec M. Gerdy que la partie inférieure du pharynx tende à avaler le voile avec le bol alimentaire. Chaque partie remplit sa fonction et rien de plus. » Enfin, des expériences ont été faites, qu'on ne peut passer sous silence, et Brachet termine son article sur la déglutition par ce passage, que nous recommandons à l'attention du lecteur : « *Quelquefois* cependant, le voile palatin est soulevé pendant le passage du bol, ainsi que l'ont montré MM. Maissiat, Debrou, Ménière et Bidder ». Nous n'insisterons sur ce *quelquefois*, il est à nos yeux le dernier mot de la confusion.

Küss (2) n'oublie pas de réfuter Bichat, on dirait que 'est ainsi que doit débuter toute étude rigoureuse du

1) Physiol. de l'hom., 2e édit., 1855, t. II, p. 43 et seq.

(2) *Cours de physiol.*, recueilli par M. Duval, p. 248. — 1872.

second temps ; puis, décrivant l'occlusion de l'isthme naso-pharyngien, il accepte qu'elle se fasse complète par le seul mécanisme du rapprochement des deux pharyngo-staphylins : la luette est destinée à fermer l'ouverture en forme de fente qui pourrait rester encore. Les expériences de Maissiat et Debrou sont relatées avec soin, mais le regretté maître de Strasbourg, tout en reconnaissant l'exactitude de l'élévation, ne lui attribue nulle valeur dans l'acte physiologique.

M. le professeur Oré (de Bordeaux), dans un bon article sur la déglutition, n'évite pas l'erreur commune relative à Bichat : il décrit la déglutition d'après Sandifort le fils, dont il cite en partie le mémoire, qu'il qualifie d'admirable, discute un travail de M. Moura, publié en 1867, et concède avec cet auteur, avec Ménière, etc., que le voile se soulève au commencement du second temps ; mais ses conclusions reflètent toujours une incertitude notoire, puisqu'il admet que la contraction des pharyngo-staphylins joue le rôle capital dans l'occlusion naso-pharyngienne, puisque pour réfuter la théorie franche de l'élévation, il est obligé de faire dire à Bichat, à M. Moura lui aussi, que le voile se renverse sur les arrière-narines (proposition que le dernier de ces auteurs n'a pas plus formulé que le premier), et puisqu'enfin il déclare nécessaire pour terminer le second temps de la déglutition « que le voile s'abaisse, se colle sur le pharynx qui, par la contraction de ses constricteurs supérieurs et moyens, s'applique directement sur lui, de manière à le déglutir avec le bol, ainsi que l'ont si bien expliqué Sandifort et Gerdy (1). »

MM. les professeurs Robin et Richet se sont, au contraire, ralliés et demeurent fidèles à la théorie de Gerdy. M. le

(1) *Nouv. Dict. de méd. et de chir. prat.*, tome X, art. Déglut., p. 763-770. — 1869.

professeur Robin (1) qui, en 1857, revoyait le livre de Béraud et acceptait, à cette époque, l'opinion de Dzondi et Muller, ne l'a point quittée : l'article *Déglutition* de son Dictionnaire est la reproduction exacte de la théorie de Gerdy ; le voile s'abaisse dès le début par la contraction des glosso et pharyngo-staphylins, qui ferment l'isthme naso-pharyngien et pousse activement le bol dans le pharynx.

M. le professeur Richet, dans son *Traité d'anatomie médico-chirurgicale* (2), belle œuvre où la précision de l'anatomiste et la science du chirurgien sont réunies à un si haut point, se déclare aussi partisan exclusif des idées de Gerdy : « Lorsqu'on examine, dit le savant maître, le pharynx d'un malade atteint d'une division du voile, on peut voir que les lèvres de la division, lors des efforts de la déglutition, tendent à se rapprocher au lieu de s'écarter ». Dans ce cas, les deux lambeaux du voile, sorte de piliers plus longs, se rapprochent absolument comme les pharyngo-staphylins d'un voile normal dans la théorie de Gerdy et de Dzondi, d'ailleurs indiquée par l'auteur. « J'ajouterai, dit encore M. Richet, que si après l'opération de la staphylo-raphie, les parties suturées ne sont pas plus souvent déchirées, malgré les mouvements de la déglutition, incessants et irrésistibles qui tourmentent les malades, c'est qu'effectivement, dans l'accomplissement de cette fonction, les parties du voile ne sont nullement sollicitées en dehors. Selon moi, le plus grand obstacle à la réunion ne réside ni dans le tiraillement des lèvres de la plaie, ni dans la difficulté de placer convenablement les points de suture, mais dans celle d'affronter exactement les bords avivés et de serrer les fils à un degré convenable. » Et plus loin :

(1) *Dict. de méd.*, par MM. Littré et Robin, 12e édit., art. Déglut.
(2) V. Région de la voûte palat. et du voile, p. 404 et 405, 3e édit., 1866.

« Dans la simple division congénitale, les enfants peuvent encore assez convenablement déglutir, c'est qu'il n'y a ni défaut de motilité ni perte de substance, et que le canal pharyngo-palatin peut encore, malgré son imperfection, se resserrer au point d'oblitérer momentanément la fissure. Aussi n'est-ce point là la raison (déglutition entravée et retour des aliments, surtout des boissons par les narines), qui a décidé les chirurgiens à combattre cette infirmité, c'est l'impossibilité dans laquelle se trouvent les individus qui en sont atteints de pouvoir librement communiquer leurs impressions à leurs semblables, par l'intermédiaire de la phonation dans laquelle le voile joue un si grand rôle. » Cette dernière considération nous surprend parce qu'elle ne nous paraît pas entièrement conforme à tous les faits observés. A Saint-Louis, en 1871, chez une petite fille de sept ans, atteinte de division congénitale du voile et d'un bec-de-lièvre et opérée avec succès par notre cher et savant maître, M. Alphonse Guérin, il était facile de constater que fort souvent les solides, et surtout les liquides, refluaient dans la cavité naso-pharyngienne et les arrière-narines. A. Bérard (1) ne se montre pas si affirmatif que M. Richet; Boerhaave et la plupart des auteurs du siècle dernier ne partagent pas cette opinion de la quasi-innocuité des divisions congénitales du voile : Boerhaave revient plusieurs fois sur cette question. Dans son étude sur le mal vénérien (2), il insiste d'abord sur les inconvénients de la division pathologique : « Si velum palatinum, vel in totum, vel pro parte exesum, si uvula destructa fuerit, turpi spectaculo cibi et potus, dum deglutiuntur, per nares redeunt, vox ingratissimi stridula per totam vitam manet et omnibus obviis testatur, quam tetro morbo laboraverit

(1) *Dict.* en 30 vol., t. XXVIII, art. Staphyloraphie.

(2) V. Swieten, « Commentar. in Boerh. aphorism., t. V. Lues venerea, p. 369. — 1773.

miser. » Puis, dans ses *Institutions de médecine*, le même auteur « rapporte qu'ayant été consulté pour un enfant né avec le voile du palais fendu dans sa partie moyenne, le long de luette, en sorte qu'il ne pouvait point avaler, et l'ayant examiné, il s'aperçut de cette déchirure et ordonna qu'on fermât les narines quand il serait en disposition d'avaler. De cette façon, la déglutition se fit bien et l'enfant parvint même à parler, mais il ne pouvait le faire que lorsqu'il se fermait les narines avec les mains (1). » Cette seconde observation vise plus particulièrement les réflexions de M. le professeur Richet, et les conclusions qu'on en tire sont opposées à celles de ce savant maître.

A côté des professeurs Robin et Richet, il faut citer les professeurs Jules Béclard, Sappey, Cruveilhier et M. Marc Sée, chef des travaux anatomiques qui, contrairement à leurs collègues, admettent l'élévation du voile.

J. Cruveilhier et M. Marc Sée admettent (2) que « pendant la déglutition le voile devient horizontal au moment du passage du bol, pour redevenir oblique et curviligne immédiatement après ce passage et s'opposer à la rétrogradation des aliments ». Ce passage mériterait peut-être quelque éclaircissement, surtout quand on a lu l'étude que ces deux anatomistes font des muscles palatins où la théorie de Dzondi est brièvement indiquée. En effet, que signifie l'élévation du voile, *pendant le passage du bol*, si cet organe ne sert à s'opposer à la rétrogradation des aliments que quand il redevient oblique et curviligne? Ad-

(1) Nous ne pouvons nous empêcher de faire remarquer l'ingénieux procédé de Boerhaave, exagérant ainsi la pression atmosphérique de la colonne d'air contenue dans les fosses nasales et la cavité sus-palatine pour résister à l'ascension du bol jusque dans les arrière-narines : il nous semble qu'on ne pouvait guère souhaiter mieux, en attendant les beaux travaux de de Græffe et de Roux.

(2) *Traité d'anat. splanch.*, p. 31, et *myologie*.

mettre l'élévation du voile que Dzondi niait absolument pour décrire la théorie de cet auteur immédiatement après cette élévation et n'ajouter aucun commentaire, nous a paru un peu bref, surtout à propos d'une question non élucidée.

M. le professeur Sappey, dans son beau traité d'anatomie descriptive (1), admet que par sa mobilité et sa contractilité la cloison palatine peut s'élever et s'abaisser tour à tour : « Sa partie antérieure, dit ce savant maître, s'élève un peu au moment de la déglutition et les deux piliers qui l'unissent au pharynx se rapprochant alors à la manière des lèvres d'une boutonnière, toute communication entre le sens de l'odorat et l'appareil digestif se trouve supprimée. Elle s'abaisse lorsque le bol a franchi l'isthme du gosier et les deux piliers, qui s'étaient juxtaposés, s'écartant, une libre communication se rétablit entre le sens de l'olfaction d'une part, la bouche, le pharynx et les voies aériennes de l'autre. » En parlant du jeu important du péristaphylin externe, M. le professeur Sappey, avec toute la science et la précision qu'on lui connaît, renvoie au texte de Valsalva. N'y a-t-il point toutefois ici une interprétation un peu différente de celle de Cruveilhier, puisque le voile s'abaisse, les piliers s'écartent quand le bol a franchi l'isthme du gosier, tandis que pour Cruveilhier, au contraire, après s'être élevé, le voile s'abaisse de suite, les piliers postérieurs restent contractés et s'opposent seulement alors à la retrogradation des aliments.

Mais c'est peut-être là serrer de trop près les textes, et chercher, dans des traités qui ne comportent pas de développement physiologique, une pensée que les auteurs n'avaient point à traiter *in extenso*. Cependant ce sont les traités de Valsalva et d'Albinus, qui nous fournissaient au

(1) Tome IV, *Splanch.*, p. 47, édit. in-8°. — Delahaye.

siècle dernier tous les éléments nécessaires pour exposer les deux théories contraires.

L'éminent professeur de physiologie, M. J. Béclard (1) admet l'élévation de la valvule du gosier : « Le voile du palais, dit-il, joue à l'ouverture postérieure des fosses nasales le même rôle que l'épiglotte à l'ouverture du larynx. C'est lui qui oppose un obstacle au retour des aliments par l'ouverture postérieure des fosses nasales, » non point en se renversant comme l'épiglotte, cela va sans être dit, mais en se soulevant vers la portion sous-basilaire du pharynx, agrandissant ainsi la portion sous-staphyline. Le voile est aidé dans ce mouvement d'ascension par le pharynx qui se soulève aussi. Si les expériences de Maissiat et Debrou ne sont point relatées, en revanche le savant auteur a noté les observations de Bidder. Pour M. Béclard, cependant, malgré l'élévation du voile, les pharyngo-staphylins contractés « contribuent à la formation d'un plancher musculo-membraneux oblique sous lequel glisse le bol. » Nous reviendrons dans notre seconde partie sur le rôle des piliers postérieurs.

Quoi qu'il en soit, en terminant cet historique, il nous sera permis de reconnaître combien l'enseignement tout à fait actuel de MM. Sappey et Béclard diffère par sa netteté des contradictions et des hésitations que présentaient plusieurs autres auteurs contemporains. La précision et la clarté de leur exposition mettent de l'enchaînement et de l'harmonie dans ce mécanisme compliqué et en facilitent l'analyse.

Que si maintenant l'on s'étonne en lisant cette partie de notre travail des inconséquences que nous avons relevées dans plusieurs des livres remarquables que nous avons énumérés, nous croyons qu'il n'est pas nécessaire de

(1) *Traité de physiol. hum.*, p. 59 et seq. *Déglut. comparée*, p. 144., 6e édit. — 1870.

renvoyer nos lecteurs aux sources elles-mêmes : du reste, l'exactitude minutieuse avec laquelle nous avons fait nos recherches leur permettrait un facile contrôle. Nous avons fait textuellement les citations et quand la longueur des articles nous a forcé à les résumer, nous l'avons fait avec la plus scrupuleuse fidélité, nous attachant à traduire servilement les critiques de l'auteur à l'endroit de ses prédécesseurs, ses préférences et l'exposé de sa théorie propre. Nous n'ignorons pas qu'en dénaturant l'esprit d'un texte, qu'avec une citation tronquée, on peut faire dire à un auteur le contraire même de ce qu'il a dit : un homme d'esprit n'a-t-il pas été jusqu'à prétendre qu'en prenant au hasard une simple ligne d'écriture, on pouvant en faire pendre l'auteur, tant il est facile, en le tourmentant, de faire mentir un texte. Mais nous n'avons point besoin de le répéter, toute notre bibliographie est de bonne foi.

SECONDE PARTIE

---

§ I. — *Observations critiques.* — *Première série d'expériences.* — *Élévation primitive du voile palatin.*

La seconde partie de ce mémoire sera plus courte ; mais nous ne regrettons pas l'ampleur donnée à la première. Cet historique, un peu détaillé peut-être, a eu l'avantage d'exposer, avec textes à l'appui, les deux théories qui ont cours sur la déglutition. C'était une occasion de faire un travail que peu de personnes avant nous avaient abordé avec quelques détails, si nous en jugeons par le peu de secours que nous avons rencontré à ce point de vue dans la majorité des auteurs et par la nécessité où nous nous sommes trouvé de remonter nous-même aux sources, pensant d'ailleurs qu'une érudition de seconde main n'est jamais qu'une monnaie de piètre aloi. C'était aussi à un point de vue plus général une occasion intéressante de voir comment peu à peu, par l'effort continu des observateurs, par leur accord comme par leurs dissidences, se fixe la science, quelque secondaire d'ailleurs que soit la question à éclaircir.

Chemin faisant, notre description des deux mécanismes s'est complétée, chaque auteur apportant à son tour son contingent d'assertions, de preuves, d'arguments, de critiques, dont nous avons déjà pu apprécier la valeur. Cette seconde partie se trouve donc largement préparée, et, embrassant ainsi d'un coup d'œil tout ce qui a été dit, il nous sera plus facile de présenter nos observations critiques et nos propres expériences.

Selon nous, le fait capital qui domine toute l'étude du second temps est l'instant où le voile s'abaisse. Le mouvement d'abaissement est-il primordial, celui que le voile accomplit dans le moment même où la base de la langue gonflée chasse le bol à travers l'isthme dans la direction du pharynx, le rôle du voile est facile à concevoir : tendu, abaissé, formant un plan très-oblique, un angle aigu si l'on préfère, avec une ligne droite qui passerait à travers l'axe de la langue, il est étreint par les constricteurs pharyngiens supérieurs et moyens, et étreint lui-même en les chassant vers le bas le bol et le dos de la langue; les deux piliers postérieurs, bandés, rapprochés et tendus comme les deux lèvres d'une boutonnière presque rigide formant une partie du plan oblique ci-dessus indiqué prennent rang parmi les principaux agents de ce mouvement de pression sur le bol, mais ils sont les seuls agents de l'occlusion nasale postérieure.

Ce qui nous frappe, comme Debrou, dans le concept de ce mécanisme, c'est que cette constriction générale et simultanée de toutes ces parties de la circonférence au centre, de manière à effacer tout espace intermédiaire, cette élévation de la base de la langue, ce resserrement des piliers antérieurs, cet abaissemeut primitif du voile, cette contraction des piliers postérieurs rapprochés du pharynx puissent permettre au bol de passer dans l'œsophage : il n'y a ni canal pour lui livrer passage, ni capacité pour le recevoir ; nous ne voyons que des plans musculaires qui dans une convulsion rapide vont rejeter l'aliment dans la bouche.

Quelles sont d'ailleurs les preuves expérimentales sur lesquelles se sont appuyés les partisans anciens ou nouveaux de l'abaissement? Elles sont parfois vraiment trop simples. Les deux Albinus par exemple se mettent le doigt le plus avant dans la bouche, et font des efforts de déglutition : ils constatent alors que le doigt est entraîné et poussé en bas par la langue, le pharynx et surtout le voile (1). C'était l'enfance de l'art en matière d'expérimentation. Cependant il n'était que juste de répéter l'expérience : c'est ce que nous avons fait. Nous avons donc, à l'instar d'Albinus, dégluti notre doigt un grand nombre de fois, et nous sommes arrivé à un résultat contraire au sien, tout en nous rendant compte des motifs qui l'ont induit en erreur. Loin de déglutir son doigt, cet anatomiste ne ne faisait que le sucer, or dans la succion la position du

(1) « Ut magis confirmeris, velis, demisso in fauces digito, nixum edere tanquam si degluliturus esses; perspicies digitum et a palato molli et a faucibus in unum contractis et simul a linguâ contra urgente, accurate comprehendi, comprimi deorsum urgeri, maximè autem a palato molli. » *De deglut*, p. 14.

voile est toute différente. Quand nous reproduisons le phénomène nous voyons fort bien la cause de leur insuccès : s'ils avaient introduit franchement le doigt dans la cavité buccale et jusqu'à la paroi spinale du pharynx, ils auraient manifestement senti dans la déglutition leur doigt élevé par la base de la langue vers le voile du palais activement soulevé par ses propres muscles et formant au-dessus de lui une voûte à concavité inférieure très-marquée. La nausée réflexe gêne d'ailleurs singulièrement l'expérience.

Quand Albinus le jeune, pour montrer d'une autre manière l'abaissement du voile et « contrarium linguæ et palati mollis motum » (1) nous engage à nous placer devant une glace et à exécuter la bouche ouverte des mouvements de déglutition, nous n'acceptons pas davantage les conclusions qu'il tire en esquissant à peine le début et la fin d'une déglutition, c'est avec une experimentation de ce genre que peut s'expliquer cette longue confusion qui dure depuis deux siècles.

A cent ans de distance, Gerdy n'apporte point au service de la même théorie des expériences plus concluantes : il observe le début et la fin d'une déglutition la bouche ouverte, il avale des liquides chauds ou froids et note les sensations perçues par son voile, ses piliers. Et c'en est assez pour conclure que l'élévation du voile est inutile et non démontrée.

Les deux Albinus, pour nier l'élévation de la cloison du gosier, donnaient au moins une raison anatomique : contrairement à Valsalva, à J.-L. Petit, ils niaient pendant la première partie du second temps l'élévation du voile par la contraction des péristaphylins parce que, disaient-ils, si ces muscles n'étaient point au repos, ils ouvraient les orifices gutturaux des trompes, soulevaient le voile et

(2) V. *De deglut.*, p. 14.

s'opposaient ainsi à l'action des palato-staphylins et glosso-staphylins chargés au contraire de tirer le voile en bas et de chasser le bol (1).

Il est encore un fait sur lequel nous désirons attirer l'attention : les auteurs anciens, quand ils parlent du voile du palais, désignent d'abord et séparément les piliers antérieurs et postérieurs, muscles bien distincts dont ils ne méconnaissent pas l'entrecroisement sur le bord libre du voile et l'insertion aponévrotique, puis ils parlent ensuite et non moins distinctement de l'*uvula*, *corpus uvulæ*, mots qui jusqu'à S. Albinus ont désigné le corps même du voile, en dehors de ses piliers. Cette division nous paraît tout à fait légitime quand on considère la position et le jeu de la partie moyenne et inférieure des piliers antérieurs et postérieurs : la valvule palatine est proprement constituée par l'aponévrose, les péristaphylins internes et externes et les palato-staphylins. Les piliers postérieurs, malgré leur entrecroisement sur la ligne mediane, ne forment que des bandelettes minces et faibles, qui pendant la première partie du second temps ne servent qu'à tendre le corps même du voile, à faciliter la contraction de ses muscles élévateurs propres en le fixant, et à limiter enfin son ascension vers la cavité naso-pharyngienne : leur présence sert justement ici à empêcher le renversement du septum sur les fosses nasales, comme dans la prétendue théorie du pont-levis.

Cette manière de voir et d'attribuer un rôle capital dans l'occlusion naso-pharyngienne au corps du voile nous paraît justifiée par des expériences qui ne mettent absolument en jeu que le seul corps du voile.

Nous recommençons les mêmes expériences après Boer-

(1) *Hist. muscul. de circumflexo palato*, p. 245, cap. LXI, et *De deglut.*, p. 63 et seq.

haave (1). La bouche largement ouverte, nous nous plaçons devant une glace, et, la langue abaissée d'elle-même, nous respirons librement, naturellement, nous observons que le voile est abaissé, peu distant de la langue, à peine tremblant des vibrations de l'air expiré, les piliers postérieurs sont d'ailleurs largement distants les uns des autres, car on voit très-distinctement la partie spinale du pharynx, qui répond à la face antérieure du corps des premières vertèbres cervicales. Nous faisons alors une forte inspiration, les orifices antérieurs des narines toujours ouverts, aussitôt le voile monte, s'élargit, la luette le suit en se rétractant, les piliers se tendent un peu, et l'angle qu'ils formaient est devenu légèrement aigu de rond qu'il était, mais la paroi spinale du pharynx apparaît toujours largement. Nous expirons, tout reste en place. Faisons encore une inspiration forte, la plus forte qu'il nous sera possible, le voile monte encore et s'élargit davantage ; son bord libre avec la luette retractée et portée en arrière s'accole à la paroi spinale du pharynx ; les piliers sont toujours distants (il y a 0m 021 millim. de distance entre leurs bords libres). La paroi postérieure du pharynx nous apparaît distinctement : Boerhaave sur certains sujets vit jusqu'aux embouchures latérales des trompes. Notons seulement que, dans le temps de cette très-forte inspiration et de l'expiration qui la suit, le voile est élevé horizontalement, les piliers distants, la paroi spinale visible, et que quand nous expirons, tout l'air de nos poumons passe exclusivement par la bouche : la respiration s'est faite par la bouche quoique les fosses nasales soient entièrement libres à leurs orifices faciaux. Pour ce dernier fait, on peut facilement se convaincre de l'occlusion parfaite des

(1) *Inst. de méd.*, t. I, p. 48 (édit. La Mettrie).

arrière-narines en plaçant un petit miroir sous les narines antérieures, nul souffle nasal n'en viendra ternir le poli. Les fosses nasales sont donc bouchées en arrière, leur occlusion est hermétique et tout l'air de l'expiration a passé par la bouche. Or, sans forcer les conclusions de cette simple expérience, dont chacun peut vérifier l'exactitude, on peut dire que les piliers verticalement appliqués sur la paroi spinale et distants l'un de l'autre de 0^m 021 millim., n'ont point été ici l'instrument de l'occlusion naso-pharyngienne, c'est la valvule palatine seule, par son élévation, sa tension, son élargissement et l'application de son bord libre sur la paroi postérieure du pharynx qui a fait l'occlusion des arrière-narines. Le voile dans cette expérience s'est élevé seul activement, sans l'aide de la langue ou d'un bol, et dans cet état il a interdit le passage à l'air expiré, c'est-à-dire à la matière sous son état moléculaire le plus fluide (1).

Le voile, dans toute cette expérimentation, a été vraiment élevé et maintenu horizontal par ses muscles propres, et non point repoussé en haut par le souffle puissant de l'air expiré.

Une méthode de traitement, qui jusqu'ici n'avait point été présentée comme preuve de l'élévation du voile, prouve que cette élévation et cette tension sont assez fortes et actives pour opposer une véritable résistance à une pression s'exerçant sur la face supérieure du voile dans la position horizontale. La douche naso-pharyngienne, ou dite de Weber, traduit d'une manière très-accentuée et l'élévation du voile et le mode de l'occlusion par son corps

(1) Le pharynx est si nettement visible dans cette inspiration que le médecin recommande toujours à son malade d'inspirer et d'expirer fortement par la bouche, quand, dans certaines affections du fond de la bouche, il veut examiner la paroi spinale du pharynx, les amygdales, les lèvres des piliers.

seul. Cette douche, pratiquée comme on sait, dans la thérapeutique des affections des fosses nasales, repose sur ce fait physiologique, soi-disant établi pour la première fois en 1847, par E.-H. Weber (1), que lorsqu'une des cavités nasales est exactement remplie avec un liquide introduit par la narine au moyen d'une pression hydrostatique, avec une seringue à pansement, par exemple, tandis que le sujet respire par la bouche, le voile palatin ferme complètement l'arrière-cavité des fosses nasales, en sorte que le liquide ne pénètre nullement dans le pharynx, mais passe aisément dans l'autre cavité nasale et s'échappe à travers l'autre narine. En d'autres termes, il s'établit un double courant d'une narine, la droite, par exemple, où se fait l'injection, vers la cavité naso-pharyngienne, puis de la cavité naso-pharyngienne vers la cavité nasale et la narine gauches, d'avant en arrière, puis d'arrière en avant. A la Charité, en 1873, dans le service de notre savant maître le professeur Gosselin, sur deux jeunes garçons atteints d'ozène, nous avons pu constater, en donnant la douche naso-pharyngienne, comment se faisait l'occlusion postérieure

(1) Muller's Archiv., 1847, p. 351-354. — S. Duplay, Path. ext., t. III, p. 747.

Comme tout le monde, nous avions accordé à E.-H. Weber une priorité qui semblait incontestée : il y avait là cependant une erreur historique. C'est à Littre que revient le premier l'idée sur laquelle repose la douche naso-pharyngienne. Voici ce que nous lisons dans un curieux mémoire de cet auteur, déjà cité plus haut d'ailleurs : « J'ai quelquefois versé de l'eau dans mon nez, dit-il, laquelle n'est point descendue dans le gosier, mais elle est ressortie quelque temps après par les deux narines, quoique je ne l'y eusse fait entrer que par une seule. Apparemment que la *cloison de la bouche* était relevée en haut et en devant et qu'elle fermait les ouvertures postérieures du nez; par conséquent, elle devait empêcher cette eau de descendre du nez dans le gosier, et la même eau entrée dans le nez par une narine a pu en ressortir par les deux. D'autant que la cavité où l'eau était arrêtée communique également avec les deux narines. » (Mém. de l'Acad. des sc., 1718 : S'il y a du danger de donner par le nez de la boisson, etc., par Littre. p. 300 et seq.)

qui fermait si hermétiquement la partie supérieure du pharynx et empêchait une seule goutte d'eau de s'introduire dans la cavité pharyngienne sous-staphyline. La douche étant administrée et en plein fonctionnement, nous fîmes ouvrir la bouche des deux jeunes malades, et nous vîmes clairement que le mécanisme de l'occlusion était dû à l'élévation et à la tension du voile appliqué contre la paroi spinale du pharynx, les piliers postérieurs restant manifestement distants l'un de l'autre. Le corps du voile opposait donc seul ici, par la résistance de ses muscles propres, un obstacle à la forte pression de la douche, et faisait comme plus haut, à lui seul, l'occlusion naso-pharyngienne.

Disons, pour être complet, que nous avons remarqué chez nos deux jeunes malades un léger assourdissement, qui tenait sans doute à l'entrée d'une très-petite quantité de liquide dans les orifices gutturaux des trompes, momentanément ouverts par la contraction des péristaphylins externes. Ce léger assourdissement disparaissait du reste rapidement, quand nous invitions les patients à faire plusieurs mouvements de déglutition.

Ces expériences, nous le rappelons, ont pour but de légitimer ce que nous avons dit de notre distinction des piliers et du corps du voile; nous pensons qu'elles prouvent surabondamment que le corps du voile peut séparer à lui seul la cavité naso-pharyngienne de la cavité bucco-laryngo-pharyngienne. Les phénomènes que nous avons observés ne sont point, il est vrai, produits pendant une déglutition. C'est là l'objection capitale; elle nous a été faite, avec sa bienveillance habituelle, par M. le professeur Verneuil. Boerhaave ne déglutissait pas, et aucun des observateurs qui renouvelleront et amélioreront ces expériences ne déglutiront. La critique est juste; inspirer et expirer seulement par la bouche, le voile relevé et obturant le nez sans le secours de ces piliers, ce n'est pas déglutir; recevoir une douche de Weber et n'offrir à l'observateur qu'un voile du palais soulevé et obturant la cavité nasale sans l'aide des piliers postérieurs, toujours distants, ce n'est point déglutir. On conviendra cependant que c'est prouver que le rapprochement des piliers n'est pas du tout nécessaire pour clore la cavité sus-staphyline. Nous présenterons, du reste, en réponse à cette objection, des observations qui prouvent que l'on peut admettre l'unité des fonctions du voile palatin, c'est-à-dire reconnaître qu'il se conduit absolument dans la déglutition comme dans d'autres phénomènes physiologiques auxquels il prend une non moins large part.

Après cet exposé, nous donnerons la première série de nos recherches expérimentales.

Nous avons déjà fait voir combien, étant naturellement mises à part les expériences de Maissiat et Debrou, les deux théories avaient été longtemps pauvres de preuves expérimentales. Gerdy même, le dernier et le plus brillant de nos contradicteurs, ne s'était pas cru tenu, pour être plus affirmatif et plus exclusif que ses prédécesseurs, de s'appuyer sur des preuves positives; on a vu, du reste, qu'il était peu sympathique à l'expérimentation. Nous nous sommes demandé pourquoi l'on n'instituerait pas sur les animaux des expériences qui mettraient en quelque sorte sous les yeux la partie de la déglutition qui nous occupe.

On ne pouvait naturellement penser à voir quel était ce rôle par la bouche, puisque celle-ci doit être fermée quand les phénomènes les plus importants de la déglutition s'opèrent; mais l'observation de Bidder et la méthode nasale employée en chirurgie pour l'extirpation des polypes naso-pharyngiens devaient nous inspirer un manuel opératoire, à l'aide duquel nous pussions voir clairement le voile palatin par sa face supérieure, et son action pendant que l'animal déglutit.

Chez le chien, le voile continue en arrière la voûte palatine, représentant dans sa forme une soupape membraneuse oblique de haut en bas et d'avant en arrière, un peu plus longue il est vrai que chez l'homme (planches I et II, figure III). On lui considère, comme chez celui-ci, une face antérieure qui s'unit par côté avec la base de la langue, une paroi supérieure ou postérieure, deux bords latéraux qui s'insèrent sur les parois des deux cavités que le voile du palais sépare l'une de l'autre; le bord antérieur est continu avec la voûte palatine osseuse; le bord postérieur, seul libre, affecte la forme concave et descend à proximité du larynx. Le bord postérieur est continué sur ses côtés par deux prolongements arqués et minces qu'on suit très-facilement jusqu'à l'infundibulum œsophagien, au-dessus duquel on les voit revenus en arcade : ce sont les piliers postérieurs du voile, par opposition aux piliers antérieurs. La structure est identique à celle du voile chez l'homme : on étudie de même une membrane fibreuse, une muqueuse des vaisseaux et des nerfs. Nous avons pu disséquer très-distinctement les pharyngo-staphylins, les palato-staphylins, les péri-staphylins internes et les péri-staphylins externes; la luette est rudimentaire, et il n'y a pas d'amygdales (1).

On a dit que l'on ne pouvait point physiologiquement assimiler le mécanisme de la déglutition des animaux à celui de la déglutition humaine, interdisant ainsi de faire appel à l'expérimentation. Le professeur Colin réfute cette opinion par la simple description de l'acte de la déglutition chez divers animaux, carnassiers, solipèdes et ruminants : nous n'en ferons pas la citation afin d'éviter les redites (2). Mais ceux qui s'opposent à ce rapprochement nous parais-

(1) Chauveau, *Anat. comp.*, p. 363, 1870. V. aussi Douglass et Garengeot. Ind. Bibliog.

(2) *Physiol. comp.*, t. I, p. 629-624, 1873. V. Chauveau, id. p. 365. V. déglut. comp. à la fin du mémoire.

sent s'appuyer sur ce fait que, à l'instar des ruminants, les carnassiers peuvent, sans suspendre la mastication et tout en conservant des matières alimentaires dans la cavité buccale, opérer le second temps de la déglutition : la déglutition leur paraît modifiée parce que l'animal mâche un bol tandis qu'un autre bol franchit l'isthme et le pharynx et tombe dans l'œsophage ; ils oublient que le transport du bol de la bouche au pharynx s'effectue absolument dans les mêmes conditions que chez l'homme, dans l'instant où les mâchoires et les dents sont rapprochées pour broyer un autre bol, et que le fonctionnement de la langue et du voile ne se trouve en aucune façon modifié. Le professeur Colin insiste sur ce point. Maissiat, reprenant cette prétendue déglutition non interrompue pour son compte, était obligé d'invoquer la pression atmosphérique pour l'expliquer : celle-ci pesait sur le voile soulevé et poussait indirectement le bol dans le pharynx, où il y avait raréfaction presque absolue de l'air. Nous ferons seulement remarquer qu'en faisant vomir l'animal on distingue nettement dans cette sorte de bol soi-disant continu, des sections très-distinctes, la partie supérieure tenant à peine à l'inférieure par quelques fibres à demi-rompues ; bien souvent même les bols sont entièrement séparés les uns des autres et se sont succédé méthodiquement entre les mouvements de respiration. C'est ce qu'il est facile de constater en faisant vomir nos chats domestiques, si voraces de poumons de veau.

Tout, d'ailleurs, dans la description du professeur Colin, peut s'appliquer à la déglutition humaine, et si l'on entre, comme nous l'avons fait, dans le détail de la disposition anatomique, l'assimilation est entièrement justifiée.

Ajoutons, pour ne négliger aucune autorité, que M. le professeur J. Béclard conclut comme son collègue de l'École d'Alfort dans son étude sur la physiologie comparée : « La déglutition des mammifères, dit-il, ne diffère point de celle de l'homme. L'épiglotte se renverse sur l'ouverture des voies aériennes au moment du passage de l'aliment, et le voile du palais s'oppose à son retour par les fosses nasales. Mais le voile n'est pas simplement soulevé par le bol alimentaire au moment de la déglutition, ainsi qu'on l'a prétendu, il est activement tendu, comme chez l'homme, par ses muscles tenseurs ; cette tension active est nécessaire pour faire opposition au bol alimentaire placé à la face supérieure de la langue, activement soulevée en ce moment, et faire ainsi passer le bol dans le pharynx » (1).

L'opération que nous pratiquons a donc pour but de pénétrer largement dans les fosses nasales jusqu'à la cavité naso-pharyngienne et de voir comment se comporte le voile pendant la déglutition. Nous l'avons faite au laboratoire de physiologie de la Sorbonne, dont M. le professeur Bert, avec sa bienveillance ordinaire, nous a permis l'accès : que ce savant maître veuille bien recevoir ici tous nos remerciements pour les conseils qu'il nous a donnés. Notre excellent ami, M. le docteur Tony Blanche, alors préparateur, nous a prêté un concours que son habileté rendait précieux, nous l'en remercions aussi.

Deux mots seulement sur le manuel opératoire et les quelques détails utiles pour mener à bien l'expérience. Il est bon de narcotiser légèrement l'animal avec une solution aqueuse de chlorhydrate de morphine et de lui mettre une canule dans la trachée, afin d'éviter l'asphyxie, si pendant l'opération quelque caillot tombait dans l'orifice glottique.

Le chien lié, sur le ventre, dans la gouttière, nous faisons une incision qui partira du niveau des arcades sourcilières, sur la ligne médiane, pour finir avec les os nasaux : deux inci-

(1) *Physiol. hum.*, p. 144. Physiol. comp.

sions nouvelles partiront de l'extrémité inférieure de la première, formant de chaque côté avec elle un angle droit, et nous aurons ainsi deux lambeaux que nous décollons. Par un trait de scie vertical, on divise les os nasaux et les cartilages, puis, avec la pince de Liston, on fait sauter les os nasaux, les apophyses montantes des maxillaires supérieurs, de manière à faire un orifice antérieur aux fosses nasales très-large : avec la rugine on détruit facilement alors le cartilage de la cloison, le vomer, les cornets, afin de nettoyer les fosses nasales de tout ce qui, comme appareil d'olfaction, muqueuse, os et cartilage, obstrue leur cavité. Bientôt, quand on a convenablement étanché le sang et ruginé l'apophyse palatine du maxillaire et la portion horizontale du palatin, on aperçoit distinctement la face supérieure du voile qui se distingue par sa couleur rouge du plancher osseux des fosses nasales qui, gratté, apparaît blanc (planche I, fig. I); on voit aussi fort bien la paroi spinale de la cavité naso-pharyngienne.

En cet état, pour faire déglutir l'animal, on enlève le lien qui tenait ses mâchoires rapprochées, et on introduit *très-peu avant* dans sa gueule, c'est-à-dire sur la pointe de sa langue, l'extrémité d'une sonde, puis, avec une seringue à pansement, nous lui injectons, par l'intermédiaire de la sonde, quelques gouttes d'eau, et aussitôt la déglutition se produisant, nous observons les phénomènes suivants :

Le premier temps (c'est-à-dire le soulèvement de la langue creusée légèrement à sa partie moyenne pour porter et chasser l'eau vers le pharynx) est à peine achevé que le voile, nous le voyons clairement, s'élève au point d'obturer dans les mouvements ordinaires de la déglutition la moitié de l'orifice postérieur des fosses nasales, et dans les mouvements plus accentués les deux tiers de cet orifice.

Le voile s'élève, à chaque déglutition, dès le commencement du second temps, dans l'instant même où celui-ci débute, dès que la langue a donné le signal : le mouvement ascensionnel du voile est aussi net pour quelques gouttes d'eau à peine portées par la sonde sur la pointe de la langue que pour un volume de liquide un peu plus considérable ; il coïncide avec le mouvement ascensionnel des parties sous-jacentes ; il n'est nullement consécutif à ce mouvement d'abaissement, qui, pour Gerdy, Dzondi, Muller, Burdach, ouvrait en quelque sorte la marche des phénomènes du second temps. Nous le répétons, on aperçoit le voile s'élever et s'étendre, collant son bord libre sur la paroi spinale du pharynx : il ne s'applique évidemment pas comme un pont-levis sur l'orifice nasal postérieur, mais il exagère, en s'élevant, sa convexité supérieure, il fait en quelque sorte *gros dos*, il se rend comme *bossu* (toutes ces comparaisons sont justes, je demande grâce pour le langage qui les exprime, mais il fait image et rend exactement ce qu'on voit dans l'expérience) ; il cache en se soulevant en arrière de l'orifice postérieur des narines la moitié, les deux tiers de la paroi spinale de la cavité naso-pharyngienne (planche I, fig. II). Nous faisons déglutir à l'animal plusieurs morceaux de viande, ayant le volume d'un bol ordinaire, en les lui plaçant *tout à fait à l'entrée de la gueule*; il les avale sans difficulté, et pour l'aliment solide comme pour les quelques gouttes d'eau, l'élévation du voile reproduit exactement le même spectacle. On comprend maintenant les mouvements de la sonde de Menière et du stylet de Debrou aussi marqués, que ces expérimentateurs fassent une déglutition pour avaler un peu de salive ou un bol alimentaire.

Que conclure de cette expérience répétée sur une série de chiens et donnant constamment le même résultat, sinon que : 1° On voit par les fosses nasales largement ouvertes et débarrassées des cornets, du vomer, etc., le voile du palais s'élever *dès le début* du second temps, son bord libre s'appliquer sur la paroi spinale du pharynx, et sa face supérieure horizontale sur les parties latérales devenir si fortement convexe sur sa partie médiane que la moitié et même les deux tiers de la paroi spinale de la cavité naso-pharyngienne cessent d'être vus ; 2° La nature solide ou liquide du corps dégluti n'est pour rien dans l'élévation du voile et ne change rien à la qualité de son mouvement d'élévation. Nous tenons cette dernière proposition, contestée naturellement par les auteurs qui ne comprenaient l'élévation du voile que quand il y avait un bol à déglutir, parce que celui-ci pouvait pousser le voile vers les arrière-narines, ou par les physiologistes qui ne s'expliquaient ce phénomène de soulèvement que chez les baladins qui déglutissent la tête en bas, nous tenons cette proposition comme un premier pas fait vers l'unité des fonctions du voile du palais.

Nous ne reviendrons pas sur les expériences de Maissiat et de Debrou, mais nous rappelerons que, pour justifier l'élévation primitive, on peut invoquer l'expérience des chirurgiens qui ont eu à enlever des polypes nasaux pharyngiens, soit par la méthode nasale, soit par la méthode faciale dont M. le professeur Verneuil avec Huguier et Flaubert, s'est servi un des premiers en France.

Ne peut-on point aussi comparer les résultats obtenus de nos expériences sur le chien, les conclusions de la dernière observation de Maissiat (celle qui prouve que l'abaissement est secondaire), aux phénomènes notés dans la douche aérienne de Politzer. Cette méthode thérapeutique n'a pas été encore, du moins nous le croyons, présentée comme preuve dans l'étude de la déglutition.

On sait que l'on fait usage de la douche aérienne dans la thérapeutique des maladies de la trompe d'Eustache et de l'oreille moyenne. Que fait-on pour lancer la douche aérienne dons la trompe dont on veut connaître la perméabilité ? Il faut évidemment faire contracter les péristaphylins externes, dilatateurs des orifices des trompes. Dans ce but, vous devez faire déglutir au patient une gorgée d'eau, préalablement introduite dans la bouche, de sorte que le mouvement de la déglutition coïncide justement avec le moment où le chirurgien donnera la douche. Sans nul doute, personne n'a omis de remarquer l'instant précis où l'opérateur lance cette douche : il coïncide exactement, sous peine de faire manquer l'exploration tubaire, avec l'instant où l'ordre est donné au malade de déglutir sa gorgée d'eau, et cet ordre est toujours donné dès le début du second temps, car il faut que dès le début du second temps, le péristaphylin externe se contracte, pour dilater l'orifice guttural de la trompe. Or le péristaphylin externe, nous y revenons à satiété, est tenseur de l'aponévrose palatine et coadjuteur du péristaphylin interne qui n'a lui-même d'autre action que d'élever le voile palatin. La douche de Politzer n'est pas une des preuves les moins rigoureuses du soulèvement initial de la valvule du gosier. (Planche II, figure II).

Nous n'oublions point cependant l'objection que M. le professeur Verneuil nous a adressée, et qui portait exclusivement sur les preuves tirées des expériences que nous avons faites sur le même objet que Boerhaave. Nous la rappelons en deux mots : « Lorsque, la bouche ouverte devant une glace, vous abaissez la langue et élevez le voile du palais, et que celui-ci soulevé, le bord libre appliqué contre la paroi spinale, les piliers d'ailleurs distants de 0 m. 024 ᵐᵐ., comme vous le dites, empêche le passage de l'air expiré dans les narines, vous ne prouvez nullement que dans la déglutition il en serait de même : les partisans de l'abaissement du voile pendant la déglutition,

S. Albinus tout le premier, pourraient admettre son élévation, dans le cas même où vous la produisez, sans croire un instant que vous ébranlez leur théorie ». En un mot les inclinaisons, les formes du voile sont aussi variées que les rôles qu'il peut avoir à remplir. S'agit-il d'empêcher l'air expiré par la bouche de passer par le nez? Il se soulèvera activement, et, sans le secours de ses piliers, il empêchera le fluide d'arriver aux arrière-narines. S'agit-il de déglutir un bol? Il s'abaissera et le poussera activement dans le pharynx. S'agit-il de chanter, de parler, de se moucher? Il prendra des positions nouvelles, seules compatibles avec ses nouvelles fonctions. Nous croyons que l'objection, si elle n'est point entièrement justifiée par tous les faits, est dangereuse, car c'est sans doute ainsi que raisonnaient les physiologistes qui voulaient des attitudes différentes pour le voile dans le phénomène lui-même de la déglutition, le voile ne pouvait s'élever que quand il y avait déglutition d'un bol assez solide pour le repousser en haut, mais il n'en était plus ainsi quand on avalait une goutte d'eau. Ainsi pensaient encore ceux pour qui l'on ne peut déglutir à vide, c'est-à-dire avaler de l'air, comme si tous les médecins militaires n'étaient pas familiarisés avec cette supercherie des conscrits qui, avant de se présenter au conseil de révision, avalent une assez grande quantité d'air pour se donner une tympanite artificielle, comme si Gosse, de Genève, et Magendie n'avaient pas fait eux-mêmes cette même déglutition d'air dans un but expérimental (1). D'Aumont rai-

(1) Ces expériences curieuses, faites par Gosse un peu après les travaux de Spallanzani, et par Magendie, en 1816, étaient-elles connues de Gerdy et de Maissiat? Il faut en douter, quand on voit le premier soutenir la constriction simultanée de toutes les parties de l'isthme, de la langue, du voile, etc. : on a peine à comprendre sans l'élévation du voile, c'est-à-dire l'agrandissement momentané de la cavité pharyngienne, la déglutition d'une gorgée d'air. Quant à Maissiat, il

sonnait peut-être de même quand il écrivait que le voile s'abaissait et plaçait sa luette sur l'épiglotte pour déglutir un bol, tandis que le même voile « n'était vraisemblablement élevé que pour la déglutition des liquides que dans le cas de ceux qui boivent la tête en bas; car il ne lui paraissait même pas nécessaire qu'il s'élevât dans l'attitude où sont plusieurs animaux quand ils boivent (1). » Comme si l'action musculaire et les contractions des canaux musculo-membraneux n'avaient rien à voir dans la déglutition.

Loin de vouloir ainsi multiplier les mouvements et les formes du voile, le voulant abaisser quand il s'agit d'un bol, relever quand il s'agit d'eau ou inversement, nous avons déjà cherché dans nos expériences à montrer que, dans la physiologie de la déglutition, le voile présentait une véritable unité dans ses fonctions. Pour un bol moyen, pour un bol plus volumineux, pour une goutte d'eau, pour une gorgée de liquide, pour quelques centimètres cubes d'air, le voile s'élève toujours : la qualité moléculaire de la

n'eût peut-être pas établi sa théorie du vide de la bouche et du pharynx, dans lesquels la pression atmosphérique, pesant sur le voile, pousse le bol en bas, si, à l'instar de Gosse, il eût dégluti quelques gorgées d'air atmosphérique.

Gosse, dont les expériences sont insérées dans le livre de Spallanzani sur la digestion, avalait de l'air afin de distendre son estomac, pour prouver entre autres choses que ce n'était point l'action mécanique et triturante de l'estomac, mais bien le suc gastrique qui agissait sur les matières ingérées. Magendie reprit ces expériences et en fit un mémoire pour étudier par quel mécanisme l'air est introduit dans l'estomac d'un animal qui fait des efforts pour vomir. (De la déglut. de l'air atmosph. V. Mém. de la Société médicale d'émulation, 1817.)

(1) P. 754 et seq., Ouv. cité, d'Aumont ajoute même : « La colonne de liquide s'élève dans la bouche et dans le gosier du cheval, par exemple, et redescend, pour ainsi dire, comme dans les deux branches d'un siphon. » Ceci était écrit en 1754; à 84 ans de distance, la théorie de Maissiat (car cet observateur ingénieux donnait, comme principale preuve à l'appui de ses idées, l'attitude des animaux qui boivent la tête inclinée en bas) était esquissée dans l'*Encyclopédie*.

matière déglutie ne modifie pas le soulèvement, qui persiste toujours; la quantité de matière, si elle fait un peu varier l'ascension du voile et accentuer ce mouvement de convexité supérieure que nous avons signalé, ne le fait pas dans un rapport proportionnel à celui de la masse déglutie, c'est-à-dire qu'une gorgée d'eau ou un bol de volume ordinaire ne détermine pas une ascension du voile trois ou quatre fois plus marquée qu'une goutte d'eau.

Appliquant au rôle du voile dans ses autres fonctions, notamment dans la phonation, dans le chant, la parole, la ventriloquie, etc., le même procédé d'analyse que dans la déglutition, nous avons été amené à un résultat opposé à celui qu'indiquait l'objection de M. Verneuil, et jetant un coup d'œil d'ensemble sur son action, au lieu de multiplier les attitudes du voile, nous avons conclu à l'unité invariable de ses fonctions.

Pour nous le voile palatin n'a jamais que deux mouvements à faire : les mouvements d'élévation et d'abaissement. Ces deux mouvements correspondent uniquement à deux fonctions toujours les mêmes, quel que soit le fait physiologique dont il s'agisse.

1° En s'élevant, il devra toujours empêcher une matière quelconque (air, eau, solide) de passer dans les arrière-narines : il fermera toute communication des fosses nasales avec le pharynx et la bouche.

2° En s'abaissant, il rétablira la communication des fosses nasales avec la bouche et le pharynx. (Dans le cas où la racine de la langue soulevée viendrait s'appliquer contre l'isthme ouvert du voile abaissé, le voile servirait à empêcher la communication de la bouche avec le pharynx et les arrière-narines; mais ceci découle de ce second point de notre proposition.)

En dehors de ces deux mouvements atténués ou accomplis jusqu'à leur limite physiologique, mais s'exécutant toujours de même, qu'il s'agisse du vomissement ou du chant, actes bien dissemblables cependant, nous cherchons vainement quels peuvent être les mouvements et les fonctions du voile. Nous laissons à dessein de côté ce qu'on appelle le rapprochement des piliers, car dans tous les actes physiologiques que nous allons examiner, nous ne voyons pas que leur action serve à autre chose qu'à fixer et à tendre le voile quand celui-ci s'élève (encore leur rapprochement ne dépend-il pas de l'élévation même maximum du voile), ou à l'abaisser quand les parties sous-jacentes reviennent à leur place. Comment, en effet, le voile reprendrait-il la position verticale qui permet de respirer largement par les fosses nasales et le pharynx, la bouche étant fermée, si, aidé certainement par son poids, il n'était tiré en bas par les glosso-pharyngo-palatins?

Que fait donc le voile, que nous déglutissions, que nous vomissions, que nous chantions, que nous respirions seulement par la bouche? Une seule chose. Il n'a qu'à empêcher les aliments dans les deux premiers cas, l'air dans les seconds de passer par les fosses nasales. Quelle que soit la nature du corps, qui ne doit point passer dans les arrière-narines, le voile s'élèvera exactement comme nous en avons fait la description : il s'élèvera pour empêcher l'aliment poussé par la langue et saisi par le pharynx de rétrocéder vers la cavité sus-staphyline; il s'élèvera pour forcer les matières vomies à passer uniquement par la bouche; il s'élèvera pour modérer plus ou moins, en se rapprochant plus ou moins de la paroi spinale du pharynx, l'émission du son dans les fosses nasales, et changer par conséquent le timbre de la voix; il s'élèvera même dans ce dernier cas au point de clore complètement la cavité sus-staphyline, d'empêcher toute communication des fosses nasales avec le pharynx, et de nous faire entendre le nasonnement grotesque d'un comique de théâtre, la voix de tête d'une cantatrice plus ou moins applaudie, ou celle d'un ventriloque,

Lingua qui loquitur bifidà, anguis more bilinguis,

comme dit nous ne savons plus quel poëte de la décadence.

L'abaissement consécutif permettra au sujet de rétablir la respiration par les fosses nasales, si celle-ci ne continue point à se faire par la bouche, comme chez le ventriloque, par exemple.

Tout ceci mérite une étude plus approfondie, c'est-à-dire l'appui de quelques exemples matériels.

Prenons d'abord le chant. Tout le monde sait que quand on parle dans le temps ordinaire de la conversation, la voix qui s'écoule va retentir dans les fosses nasales : il est facile de s'en convaincre en mettant ses doigts sur cette partie de notre visage, dont on sent vibrer les parties solides, os et cartilages. Si l'on fait rendre à la glotte un son grave et prolongé, cette vibration nasale a lieu bien plus fortement : ouvrez alors la bouche et, vous plaçant devant un miroir, regardez le fond de la cavité buccale. On aperçoit distinctement le voile du palais abaissé, et le son pénètre par la plus large voie possible dans les narines. Montez d'un ton, de deux, de trois, le voile lui-même remonte par degré; il se rapproche de plus en plus de la paroi spinale du pharynx en arrière, et diminue par conséquent la communication du pharynx avec les narines postérieures; dès que la voix cesse, le voile retombe, pour remonter quand le son reprend. Chantez alors dans les tons les plus élevés de la gamme, le voile fortement tendu forme avec la voûte palatine un plan continu horizontal, le pharynx est complètement à découvert à cause de l'éloignement des piliers; la route par laquelle le son s'introduit dans les narines est alors rétrécie, et quand, forçant l'étendue naturelle de la voix, on produit ce que les musiciens appellent la voix de tête ou de fausset, il n'y pénètre plus du tout. « N'est-il point évident, dit Malgaigne à ce sujet, que ces mouvements d'ascension de plus en plus accentués du voile empêchent une plus grande quantité d'air sonore d'aller retentir dans les narines? Le retentissement est en effet diminué, et l'on ne sent plus vibrer, comme dans les sons graves, les cartilages du nez (1). » Il nous semble inutile d'insister sur l'influence exercée sur l'élévation plus ou moins sensible du voile, c'est-à-dire par l'opposition plus grande que son corps fait à la quantité de son, d'air, projeté vers les narines, en restreignant ou en fermant hermétiquement la communication naso-pharyngienne. Au fond, nous retrouvons cette unité de fonctions que nous invoquons pour répondre à M. le professeur Verneuil. Durant l'expérience, reproduite naturellement sur nous-même, nous avons mesuré trois fois la distance qui séparait les lèvres des piliers postérieurs : pendant le son grave, le voile étant abaissé, cette distance était de $0^{m},023^{mm}$; dans un ton medium, de $0^{m},015^{mm}$; et dans la voix de tête, de $0^{m},01^{mm}$.

Dans sa thèse inaugurale sur la ventriloquie (2) Lespagnol, qui était ventriloque lui-même, exposa avec beaucoup de sagacité le mécanisme de cette singularité et les procédés avec lesquels on pouvait se l'approprier. Il attribua l'engastrinisme exclusivement à l'action du voile palatin. On sait qu'Haller l'avait attribué à une sorte de retour ou d'écho de la voix dans les bronches, explication assez peu compréhensible. « Dans la voix ordinaire, dit Lespagnol, une partie du son s'écoule directement par la bouche, et une autre, au contraire, va retentir dans les fosses nasales.

(1) Arch. gén. de méd., 1831, t. XXV. *Mém.* sur une nouv. théorie de la voix, p. 250 et 330.

(2) Th. de Paris, 1811.

Si l'on est près de la personne qui parle, ces deux sons vont également et presque en même temps frapper l'oreille; mais si on en est éloigné, on n'entend que le premier des deux sons : alors la voix paraît plus faible, et surtout a un autre timbre, que l'expérience nous a fait juger être celui de la voix éloignée. Toute la différence entre la voix qui vient de près et celle qui vient de loin est que dans la première on entend le mélange de deux sons, tandis que dans la seconde on n'entend que celui qui sort directement par la bouche. Or, le secret du ventriloque est de ne laisser parvenir à l'oreille que ce son discret, d'empêcher le son nasal de se reproduire, au moins d'être entendu ; et c'est ce que fait le voile du palais en se relevant. Alors le son vocal ne va pas retentir dans les fosses nasales, il n'y a que le son direct de produit, la voix a la faiblesse et le timbre qui appartiennent à la voix éloignée. La voix paraît plus ou moins loin selon que le septum staphylin a empêché plus ou moins exactement le son vocal de passer par les fosses nasales. Le ventriloque approche ou éloigne la voix à volonté en élevant ou abaissant diversement le voile du palais. » Ici encore nous retrouvons le septum palatin avec sa même fonction de valvule, laissant passer plus ou moins d'air sonore dans les fosses nasales, suivant le degré plus ou moins marqué de son élévation.

Le professeur Colin (1), dans sa remarquable étude sur la physiologie comparée de la déglutition, venant à parler de la rumination, insiste sur le soulèvement du voile « dû à la contraction de ses muscles très-développés généralement chez les animaux qui ruminent, qui vomissent ou qui respirent souvent en partie par la bouche. » Puis il arrive au vomissement chez le carnivore qui vomit si facilement et décrit d'une manière frappante tous les phénomènes qui

(1) Ouv. cité, t. I, p. 625-629, 656-676.

le préparent ou l'accompagnent. « La nausée, dit-il, est le prodrôme de tous les phénomènes de rejection ; puis viennent les contractions lentes de l'estomac. L'animal, très-anxieux, fait une forte inspiration comme dans tous les efforts, sa poitrine se distend, sa glotte se ferme, autant pour prévenir l'affaissement du poumon que pour mettre obstacle à la chute des aliments dans les voies aériennes ; le diaphragme contracté et fortement refoulé offre un plan résistant à l'estomac fortement comprimé par les muscles de l'abdomen, l'encolure s'étend et contribue à l'allongement de l'œsophage, une certaine quantité d'air est déglutie pour distendre l'estomac ; la bouche s'ouvre, le voile du palais se soulève et la rejection a lieu. » Ici encore unité de fonction.

Dans la toux, il en est encore de même ; Magendie (1) disait qu'elle ne pourrait se produire si une portion de l'air qui sort des poumons dans ce but allait se perdre dans les fosses nasales. Le voile, pour lui, était l'obstacle.

Dans l'action de souffler, ce physiologiste faisait une observation identique : l'élévation du voile opposé à l'air expulsé des voies pulmonaires forçait le courant à prendre la voie buccale.

Si l'on veut, enfin, en abaissant le voile, rétablir la communication entre le pharynx et les arrière-narines, et produire aussi le deuxième mouvement que nous avons assigné au septum staphylin, l'air passera librement par la bouche et les narines à chaque expiration. C'est là aussi sa deuxième fonction ; il est abaissé et ne joue plus le rôle d'obstacle naso-pharyngien.

Nous avons ajouté, à propos de cette deuxième fonction, que dans cet état il pouvait empêcher toute communication entre la bouche en avant et la cavité laryngo-pha-

(1) Th. citée.

ryngo-nasale en accolant son isthme à la racine de la langue légèrement soulevée et gonflée.

Telle est la position du voile dans l'éternuement et dans l'action de se moucher ; il faut que cette valvule soit abaissée pour que l'air passe entièrement par les fosses nasales. Dans l'éternuement, toutefois, quand cet abaissement n'est pas immédiat et quand l'accolement de l'isthme à la racine de la langue n'est pas complet si la bouche est un peu ouverte, la salive peut être abondamment rejetée au dehors par l'air rapidement expiré, en même temps que les mucosités nasales.

Le voile affecte de même cet abaissement quand on se rince la bouche, quand on se gargarise : quand on se gargarise, toutefois, la langue et l'isthme laissent libre un petit espace par lequel l'air expiré se précipite dans la bouche, où il fait bouillonner le liquide introduit : c'est le courant d'air expiré qui complète l'occlusion buccale.

Le voile est encore abaissé pendant qu'on opère la mastication, acte dans lequel il est nécessaire (comme dans les précédents) de clore hermétiquement la cavité buccale pour que nulle parcelle du bol, non suffisamment broyée et imprégnée de salive, ne passe avant le moment opportun dans le pharynx et n'aille tomber dans la glotte encore ouverte ou remonter dans les arrière-narines.

C'est enfin cette situation verticale que le voile affecte quand l'enfant prend le sein : l'enfant allongeant ses lèvres proportionnellement plus développées que chez l'adulte, et creusant la partie antérieure de sa langue comme une gouttière molle et flexible dans le sens antéro-postérieur, entoure le mamelon avec ces deux organes ainsi disposés ; le voile du palais abaissé s'applique sur la racine de la langue puis s'élève à chaque mouvement de déglutition pour avaler l'air, la salive et faire le vide dans la cavité buccale. Dès que le lait afflue dans la bouche, les mouvements de déglutition et d'élévation du voile sont faciles à constater : c'est là le mécanisme de la succion : nous dirons un peu plus loin les efforts de la nourrice et la position singulière qui est donnée au nourrisson atteint de division congéniale du voile.

Ces exemples multiples, résumés dans la proposition que nous avons formulée sur l'unité de fonctions du voile palatin, nous autorisent à laisser toute leur valeur aux expériences dans lesquelles nous voulions prouver l'élévation du voile sans pour cela accomplir entièrement l'acte de déglutition. Nous appelons du reste, sur ce point, les observations éclairées de M. le professeur Verneuil.

---

§ 2. — *Du rôle des piliers antérieurs et postérieurs. — Seconde série d'expériences. — Conclusion.*

Nous n'avons point hésité à attribuer à l'élévation du voile l'action principale, sinon l'action totale dans le phénomène physiologique de l'occlusion naso-pharyngienne. Anatomiquement ce sont les péristaphylins internes, les péristaphylins externes, les palato-staphylins et l'aponévrose palatine qui constituent le voile, *corpus uvulæ* : les pharyngo et glosso-staphylins constituent le bord libre ou inférieur dans une largeur de 0,01 à 0,013^{mm}, le reste du voile naturellement vertical et au repos ayant en moyenne une largeur totale de 0,04 à 0,045^{mm}. Nous tenons compte des insertions des faisceaux supérieurs des pharyngo-staphylins, mais elles sont si grêles à côté des péristaphylins internes, qui paraissent comme une forte sangle dont les deux points fixes sont situés à la base du crâne et dont la partie médiane et mobile s'insère à l'aponévrose palatine, qu'elles ne paraissent devoir rien changer à notre appréciation. Ce bord libre ainsi constitué par les fibres pendantes et la muqueuse des palato-staphylins, par les fibres contournées et enchevêtrées sur la ligne médiane des pharyngo-staphylins s'appliquera précisément sur la paroi spinale, fermant d'autant mieux le canal qui sépare le pharynx de la cavité nasale postérieure que le septum staphylin sera d'autant plus soulevé par ses muscles élévateurs et mieux tendu par l'action des pharyngo-palatins, tirés en haut par le voile même, mais contractés au même titre que les stylo-pharyngiens pour élever le pharynx en haut.

Quel est cependant le rôle précis des piliers antérieurs et postérieurs dans la déglutition, quand on admet, comme nous l'avons fait ici, que dans le premier instant du second temps l'élévation du voile tendu et appliqué en arrière sur la paroi spinale du pharynx suffit d'abord à empêcher toute communication entre le gosier et le nez ?

Prenons d'abord les piliers antérieurs ou glosso-palatins. Nous rappelons que ce sont deux petites bandelettes musculaires, étroites à leur partie moyenne (c'est-à-dire dans le pilier même), et élargies à leurs extrémités : leur extrémité inférieure épanouie sur les côtés de la langue se continue avec le muscle stylo-glosse, élévateur de cet organe ; leur extrémité supérieure s'insère à la face inférieure de l'aponévrose palatine ; la partie moyenne est grêle. Ce n'est pas sans raison que les anciens donnaient à ces muscles le nom de *constrictores isthmi faucium* : l'isthme véritable, c'est-à-dire l'orifice par lequel le bol doit passer, quittant la bouche et entrant dans le pharynx, est uniquement formé par les piliers antérieurs.

A la fin du premier temps, nous le rappelons, le voile est abaissé et l'isthme fermé par la racine de la langue soulevée. Mais quand le second temps va commencer et que la langue va exécuter le mouvement composé qui doit aboutir à son adossement au palais et au voile, et à son rejet en arrière, les glosso-palatins, qui confondent en bas leurs fibres avec celles des stylo-glosses, confondent avec eux aussi leur action qui est de soulever la langue vers le haut : ils agissent pour la langue comme les stylo-pharyngiens pour le pharynx : il y a là un mouvement ascensionnel de toutes les parties vers la base du crâne.

En cet état, le second temps commençant, la langue soulevée, gonflée, se rejetant avec le bol dans la cavité pharyngienne, les piliers antérieurs tirés en haut par le voile soulevé et secondés dans leur ascension par un mouvement analogue de la langue ont pour but de s'appliquer tendus et bandés sur les côtés de cet organe, de les sangler en s'y collant à droite et à gauche, et aussi de supprimer toute issue de l'isthme par laquelle les aliments ou les boissons reflueraient par la bouche : cet inconvénient est donc évité par la racine de la langue gonflée et poussée en arrière et par le resserrement des piliers antérieurs sur les côtes de cet organe ; ces deux muscles glosso-palatins avec l'aide de la langue constituent comme une sorte de sphincter buccal postérieur.

Il est de toute évidence que, bien que les anciens anatomistes aient aussi appliqué le nom de *constrictores isthmi faucium* aux pharyngo-staphylins ou piliers postérieurs, le rôle des premiers piliers ne peut être confondu avec celui des seconds. Les piliers postérieurs, dans la théorie de l'abaissement primitif, loin de s'élargir pour laisser passer le bol et la racine de la langue, se rapprochaient dès le début du second temps et faisaient partie du plan abaissé et fortement oblique de haut en bas que constituaient les piliers et le voile. Le voile et les glosso et pharyngo-staphylins, d'après cette théorie faisaient un angle très-aigu avec une ligne droite passant d'avant en arrière par le milieu de la langue soulevée. Le rôle de ces muscles était par leur resserrement et leur abaissement simultanés de précipiter convulsivement le bol pressé et poussé dans le pharynx, et de clore la cavité naso-pharyngienne à l'exclusion du concours de tout autre organe.

Il est d'ailleurs inutile d'insister sur la diversité des fonctions des premiers et seconds piliers ; la variété même de leurs insertions inférieures établit ce fait : les fibres inférieures des glosso-staphylins se dirigeant en avant pour se terminer à la langue, dont elles concourent à former les fibres longitudinales superficielles, et la majorité des fibres inférieures des piliers postérieurs, s'étalant en arrière à la face interne de l'aponévrose du pharynx, arrivant même à la ligne médiane pour s'insérer sur la même aponévrose et pour s'entrecroiser avec les fibres du pilier opposé.

Pour Debrou, le resserrement des piliers antérieurs n'avait lieu que tout à fait à la fin du second temps, quand le bol était poussé dans le pharynx : c'était alors seulement, pour cet auteur, qu'il fallait un obstacle au retour de l'aliment dans la bouche. C'est leur attribuer exactement le même role de sphincter pharyngo-buccal. On peut d'ailleurs admettre que tant que la langue n'a point achevé de pousser le bol et n'est point revenue dans la bouche, ce mode d'occlusion de l'isthme ne cesse point.

Telle est la manière dont nous envisageons le rôle des piliers antérieurs : elle est d'ailleurs conforme à la dénomination classique qu'ils avaient reçue, constricteurs de l'isthme.

Nous arrivons à l'action des piliers postérieurs, beaucoup plus importante. N'est-ce point eux en effet, qui, dans la théorie de Gerdy et d'Albinus, ont pour but de former un plafond oblique musculo-membraneux dont les deux parties rapprochées et abaissées précipitent le bol dans le pharynx ?

Nous l'avons déjà répété plus haut, au début du second temps de la déglutition l'élévation du voile établie sur toutes les observations et les expériences que nous avons eu soin de grouper, est un fait qui, dans toute sa réalité et ses conséquences, doit s'imposer à ceux qui étudient le second temps. Le voile s'élève, qu'en résulte-t-il au double point de vue physiologique, pour l'occlusion naso-pharyngienne et pour la précipitation du bol dans le pharynx ? Telle est la position de la question.

Ce ne serait point aborder le sujet avec plus de logique que ceux dont nous avons critiqué les opinions, et notamment de Gerdy, que leur dire : L'élévation du voile étant un fait physiologique aussi démontré qu'il est utile pour clore les voies nasales postérieures, nous en concluons que les piliers postérieurs, sur le rapprochement et l'abaissement primitif desquels repose toute votre théorie, sont aussi peu nécessaires à la déglutition que la luette ou les amygdales (1). Cependant on peut leur faire remarquer que, dans l'instant même où cet abaissement du voile, où cette obliquité des piliers est si nécessaire, au début même du second temps enfin, le voile s'élève activement ; que l'élévation du seul corps du voile (bandé et tendu, il est vrai, par ces mêmes piliers), suffit pour faire l'occlusion des arrière-narines. Si l'on n'accepte point ces données, il faut nier les expériences de Maissiat et Debrou, celles de Boer-

(1) Plusieurs praticiens nous ont cependant affirmé qu'à la suite de l'ablation double et totale des amygdales ils avaient noté un affaissement du voile, qui, à l'état de repos, tombant plus mou et plus flasque, exagérant sa position verticale, c'est-à-dire diminuant sa concavité antérieure, n'aurait plus la légère tension qu'il présente normalement. Il faudrait conclure de cette remarque que les amygdales n'ont pas seulement pour but de fournir un mucus nécessaire à lubrifier le bol, mais aussi, en soutenant le voile, de prévenir cet affaissement auquel les muscles, réduits à leur seule tonicité, ne pourraient remédier.

haave, les observations de Bidder, de Menière, la valeur physiologique des douches de Weber et de Politzer, les résultats de l'expérimentation sur les animaux, ou, ce qui vaudrait mieux, les réfuter par des observations et des expériences contraires.

Pour nous, loin d'éviter les détails de cette dernière question, nous désirons nous y arrêter tout au long, laissant de côté toute idée théorique, pour nous en tenir à l'expérimentation et aux propositions légitimes qui en découlent.

Nous avons établi l'élévation du voile dans notre première série d'expériences ; il est nécessaire maintenant d'établir l'instant de l'abaissement du voile, que nous n'avons jamais songé à discuter, en tant que secondaire, c'est-à-dire postérieur à l'élévation.

L'instant même où se produit l'abaissement du voile peut, même l'élévation primitive étant admise, avoir une grande portée physiologique, puisque, selon la rapidité et la manière dont il se produira, le voile pourra encore jouer un rôle vis-à-vis le bol : l'étude du jeu des piliers postérieurs est nécessairement comprise dans cette seconde série d'expériences.

Nous répétons sur un chien la première opération, c'est-à-dire que nous vidons les fosses nasales de tout l'appareil olfactif qu'elles contiennent, afin de voir facilement la cavité naso-pharyngienne et la face supérieure du voile palatin, et nous faisons nos instillations légères de quelques gouttes d'eau sur la pointe de la langue ; à chaque mouvement de déglutition, comme chez les précédents animaux opérés, le voile se soulève dès le début du second temps avec une parfaite netteté, exagérant toujours sa convexité supérieure, ainsi que nous l'avions noté : nous faisons déglutir un bol de viande, le soulèvement se produit exactement dans les mêmes conditions. En cet état, nous plaçons et lions l'animal sur le côté, et nous pratiquons l'œsophagotomie : l'incision sur ce canal est faite à trois travers de doigt au-dessous du cartilage thyroïde, et nous avons soin d'attirer l'œsophage dans sa partie incisée au dehors. Si dès lors nous faisons déglutir l'animal, nous pourrons exactement saisir le rapport qui existe entre l'abaissement du voile palatin et le passage du bol ou du liquide dans l'œsophage vis-à-vis la portion incisée et nous rendre ainsi compte de l'action du voile sur le bol, indirectement, il est vrai, non *de visu*.

Nous instillons la valeur d'une cuillerée à café d'eau (cinq grammes) dans la gueule de l'animal, toujours sur la pointe de la langue : le premier temps se produit, et dès que le second commence, le voile s'élève, la déglutition s'opère, et au moment où le liquide jaillit à la plaie œsophagienne, le voile s'abaisse. Nous répétons avec le liquide, diminuant ou augmentant la quantité injectée, cette opération, et chaque fois elle nous donne le même résultat : le voile s'abaisse quand l'eau jaillit à la plaie. Si nous plaçons dans la gueule de l'animal un morceau de viande, les mêmes phénomènes se reproduisent avec la plus grande exactitude ; nous remarquons même que, l'animal se fatiguant un peu, l'abaissement du voile est postérieur d'une ou deux secondes à la sortie du liquide ou du bol par la plaie.

Renouvelée sur une série de chiens, cette expérience a offert sur le dernier le même spectacle que sur les autres. Nous avons constamment vu et noté tous les faits que nous venons d'exposer, ainsi que M. le docteur Jolyet, physiologiste distingué, préparateur du cours du professeur Bert, et membre de la Société de Biologie, à qui nous adressons nos remercîments pour l'aide qu'il nous a bien voulu prêter.

Quelles conclusions doit-on tirer de cette expérience ?

Elle nous montre que non-seulement le voile ne s'abaisse pas au début du second temps, que non-seulement il ne s'abaisse pas quand la matière à déglutir est dans le haut du pharynx, mais qu'il s'abaisse quand la matière est déglutie, quand elle jaillit par une plaie de l'œsophage faite à cinq centimètres au-dessous du larynx. Dans ces conditions, quel peut être le rôle du voile vis-à-vis le bol? Il nous semble difficile de soutenir que le voile joue, comme le voulait Gerdy, le rôle de piston s'abaissant de suite sur la langue et le bol, pour pousser ce dernier dans le pharynx. Il eût fallu pour cela que l'abaissement fût immédiat, primitif, nous le répétons, ce qui n'a point, ce qui n'a jamais lieu. C'est un phénomène inverse qu'on a sous les yeux, puisque le voile s'élève quand il devrait s'abaisser, et qu'il s'abaisse quand il devrait se relever.

Relativement au jeu des piliers postérieurs, anatomiquement aussi marqués chez le chien que chez l'homme (Conf., pl. I, fig. III, et pl. II fig. III), on pourrait, de cette même expérience, faire des déductions qui, sans être forcées, détermineraient peut-être d'une manière précise le vrai rôle rempli par les muscles pharyngo-staphylins. Tous les auteurs partisans de l'abaissement primitif confondent, en effet, l'action de ces derniers avec celle de la valvule palatine, qui se trouve ainsi complétée.

Il nous a paru cependant préférable de tenter une dernière série d'expériences qui nous permît de voir directement, s'il était possible, l'action physiologique des piliers postérieurs. M. le professeur Bert nous conseillait de profiter de l'œsophagotomie pour faire usage des procédés de la laryngoscopie, appliquant le miroir laryngien à la plaie sous-thyroïdienne remontée et largement agrandie, et faisant déglutir l'animal à vide. Tout en reconnaissant ce qu'avait d'ingénieux cette méthode d'exploration, nous n'avons pu en recueillir tout le résultat que nous en attendions, à cause des difficultés du manuel opératoire. Nous avons résolu alors de produire sur l'animal un traumatisme assez semblable à celui que Kobelt avait observé sur un soldat blessé à la région antérieure et supérieure du cou, et sur lequel cet observateur avait pu se rendre ainsi un compte exact des mouvements ascensionnels du pharynx (1).

Sur un chien de taille moyenne, nous pratiquons, à la hauteur du cartilage thyroïde, une incision longitudinale de six à sept centimètres; nous disséquons les deux lèvres de la plaie et les parties molles sous-jacentes, et, arrivés au larynx, nous enlevons, avec le bistouri et les ciseaux, toute sa face antérieure, presque jusqu'aux bords latéraux, mais ayant soin de respecter les grandes et petites cornes auxquelles s'insèrent en partie les pharyngo-palatins et les constricteurs pharyngiens moyens et inférieurs. Nous enlevons aussi l'épiglotte et les cordes vocales, de manière à débarrasser toute la cavité laryngienne des organes vocaux qui obstruent à nos yeux la racine de la langue et la partie supérieure et moyenne du pharynx.

L'opération terminée, nous avons nettement sous les yeux la racine de la langue, la face postérieure du voile palatin, les piliers postérieurs qui vont se perdre latéralement et en arrière sur l'aponévrose pharyngienne, l'orifice nasal postérieur, les constricteurs supérieurs et moyens du pharynx. Bien que l'animal ait une canule dans la trachée et respire librement par cette voie, nous voyons à chaque inspiration ce qui reste de cordes vocales simuler, ou mieux reproduire nettement le mouvement d'élargissement glottique qui s'observe si facilement chez les oiseaux, les gallinacés, les palmipèdes, par exemple, en éloignant simplement les deux parties du bec; les cons-

(1) *Traité de physiol.* par J. Béclard, loco citato.

tricteurs supérieur et moyen présentent une extrême mobilité; de même à chaque mouvement d'inspiration ils font un mouvement léger, mais fort distinct, d'ascension vers le haut, en prenant leur point fixe aux insertions osseuses du constricteur supérieur. Le voile est dans la position verticale normale, ou, pour mieux dire, il retombe sur la racine de la langue, puisque, pour l'opérateur, l'animal est lié dans la supination.

En cet état, si nous faisons déglutir l'animal, nous aurons sous les yeux le tableau du second temps vu avec la plus grande exactitude, puisqu'aucun des organes essentiels au mouvement même de la déglutition (pharynx, langue et voile) n'a été lésé dans ses insertions ou sa continuité.

Nous instillons quelques gouttes d'eau, toujours de la même manière, à l'entrée de la gueule de l'animal, et presque aussitôt le deuxième temps se produit : voici que nous observons : nous apercevions une partie limitée de la racine de la langue, le voile abaissé et couvrant une partie de cette même racine linguale, nous apercevions le trou nasal postérieur et le constricteur supérieur ; tout cet appareil se modifie, le voile et le trou nasal disparaissent, cachés qu'ils sont par la racine de la langue qui se porte en arrière, les constricteurs pharyngiens moyen et inférieur se portent en haut par un mouvement ascensionnel très-marqué, et en même temps, les quelques gouttes sont jetées en bas, c'est-à-dire du côté de l'observateur, par le mouvement contraire de la racine de la langue et du pharynx ; le larynx naturellement suit le mouvement ascensionnel, et ses débris mutilés accompagnent l'ascension du pharynx sans gêner en rien l'observation. Examinant plus attentivement tout le détail du mécanisme en ce qui concerne le pharynx et la langue, les seuls organes qui restent visibles, nous les voyons l'une portée en bas et en arrière, l'autre tiré en haut et un peu en avant, se rapprocher, s'accoler en se fronçant et simuler avec un caractère frappant un véritable anus convulsivement serré. Quand les quelques gouttes d'eau instillées sont rejetées par cet anus pharyngo-lingual dans la cavité pharyngienne sous-jacente, le voile et les piliers sont manifestement sur un plan supérieur à cet anus, et, relativement à la précipitation du bol, ils ne paraissent jouer aucun rôle ; c'est du reste le point dont il importait de nous assurer en terminant l'expérience. L'animal est fatigué, il ne répond plus par une déglutition aux instillations d'eau ou au dépôt d'un bol que nous faisons dans sa gueule, nous provoquons alors des déglutitions par l'excitation des deux pôles d'un courant continu, et écartant alors très-légèrement, malgré sa constriction, la racine de la langue du constricteur pharyngien qui lui est accolé, avec une baguette de verre (corps non conducteur), nous pouvons voir les deux piliers postérieurs raccourcis et contractées, formant comme les deux branches d'un /\ renversé, très-court et très-ouvert, tirant en bas sur la valvule palatine tendue et élevée dont le bord libre est accolé à la paroi postérieure du pharynx, et tirant vers le haut les constricteurs pharyngiens sous-jacents. Après chaque déglutition, le retour des organes à leur place se fait par leur propre poids, par la cessation de la contraction musculaire des muscles en jeu et par la contraction des muscles antagonistes. Pour Maissiat, c'était la pression atmosphérique qui faisait lâcher prise aux élévateurs du voile, aux piliers, au pharynx, à la langue et précipitait le bol ; il n'y a là au contraire au début qu'un phénomène d'élévation, de préhension et de précipitation par la seule contraction musculaire, qui, une fois cessée dans les parties supérieures du pharynx, se continue dans l'œsophage. La déglutition terminée, la langue revient en remontant à sa place dans la cavité buccale, le pharynx redescend au contraire, et cette sorte d'anus que nous avons appelé pharyngo-lingual cessant d'exister par l'éloignement des parties qui le constituaient, le voile abaissé, avec ses longs piliers postérieurs non contractés et le trou nasal postérieur, sont vus de nouveau.

Ces dernières expériences nous permettent donc d'établir d'une manière beaucoup plus rigoureuse les propositions qui pouvaient être induites de la seule expérience de Debrou, ou de la première expérience que nous avons faite en ouvrant largement les fosses nasales et en voyant le voile s'élever au point que sa face supérieure devenait convexe.

Ce n'était vraiment que d'après des idées tout à fait théoriques que Gerdy et ses prédécesseurs avaient pu établir leur théorie sur l'abaissement primitif du voile et le rapprochement des piliers fait à un tel point que leurs lèvres limitaient une sorte de ligne idéale (Dzondi), et souvent même se débordaient en se plaçant l'une sur l'autre. Comment concevoir, du reste, l'élévation complète des trois constricteurs (celle-ci n'avait jamais été contestée) et l'abaissement simultané du voile? Quoi, le pharynx est tiré en haut par un des muscles du bouquet de Riolan, par les constricteurs supérieurs moyens, puisque le larynx s'élève pour aller comme se cacher sous la racine de la langue, et le voile qui a des insertions osseuses plus solides que lui puisqu'il prend ses insertions fixes à l'épine nasale, aux os palatins, aux rochers, à la trompe d'Eustachi, à l'apophyse ptérygoïde, ne s'élèverait pas. *A priori*, c'est là un des points qui nous était le plus difficile d'accepter dans l'entité physiologique de Gerdy.

Mais l'horizontalité du voile une fois prouvée, comme nous le disions plus haut, les termes du problème changeaient : avec cette position nouvelle, fallait-il admettre un jeu physiologique nouveau du voile pour l'occlusion naso-pharyngienne et pour la précipitation du bol? Le soulèvement du voile tout d'abord ne pouvait manquer de faire jouer un rôle à cet organe dans la fermeture des arrière-narines, puisqu'il se produit activement (c'est-à-dire sans être poussé par en bas), juste dans l'instant où le bol et le liquide passent sous lui, portés et poussés par la racine de la langue. Ce même soulèvement enfin n'impliquait-il pas un changement dans la position et l'action physiologique des piliers? Pour Sandifort, Gerdy, Dzondi, les pharyngo-staphylins présentaient cette contradiction singulière de se contracter pour tirer le voile en bas et le pharynx en haut, sans se raccourcir (1), et faisant suite au voile abaissé ils continuaient jusqu'à leur insertion inférieure ce plan oblique chargé en s'abaissant encore, avalé qu'il était lui aussi par le pharynx (Gerdy), de pousser le bol jusque dans le fond de l'entonnoir pharyngo-œsophagien.

Nous aurions plutôt compris que les partisans de l'élévation du voile et de son horizontalité pendant la déglutition soutinssent ce rapprochement des piliers postérieurs, tirés en haut par le septum staphylin et tirant en bas le pharynx en cet état, nous nous les représenterions volontiers étirés à cause d leur contraction, conservant leur longueur malgré elle, adossés dans une position à peu près verticale à la paroi spinale pharyngienne et très-rapprochés l'un de l'autre, mais du moment que le pharynx s'élève et en même temps le voile, que devient la fente linéaire de Dzondi? C'est plutôt un baillement de ces lèvres pharyngo-palatines que nous concevrions, car l'ascension du voile accompagne dans la déglutition l'ascension du pharynx, comme son abaissement accompagne l'abaissement de ce même pharynx, c'est-à-dire la chute de la matière déglutie dans le haut de l'œsophage.

(1) V. p. 247, dans le cours de Küss, les figures schématiques de la théorie du rideau, les piliers se rapprochent, c'est-à-dire se contractent sans que la longueur *apparente* du muscle soit diminuée.

C'est ainsi que plus haut, quand nous répétions les expériences de Boerhaave, ou chantions avec la voix de tête, ou nasonnions, notre voile, en s'élevant pour clore l'orifice naso-pharyngien, tirait les piliers postérieurs, les bandait, les tirait par son mouvement d'horizontalité vers la paroi postérieure du pharynx et rapprochait leurs lèvres, sans toutefois les faire jamais se rejoindre : c'était là une critique sérieuse de la théorie de l'abaissement du voile et du prétendu rapprochement des piliers, puisque le voile s'élevait et fermait à lui seul les arrière-narines, puisque, d'autre part, les piliers postérieurs étant tirés en haut par le voile et tirés en bas par le pharynx, c'est-à-dire dans la position la plus favorable pour se rejoindre sur la ligne médiane, ne parvenaient pas à rapprocher leurs lèvres. A ces expériences de chant de fausset, de nasonnement, d'expiration par la bouche seule, faites succéder une déglutition, c'est-à-dire un mouvement d'élévation du voile tout à fait semblable à celui que nous venons d'observer, joignez par conséquent l'ascension du pharynx tiré en haut par les pharyngo-palatins comme par les stylo-pharyngiens, et dites si vous concevez alors le rapprochement exact des piliers postérieurs. Est-ce donc le voir d'ailleurs que d'observer cette esquisse incomplète d'une fin de déglutition en ouvrant rapidement la bouche, cet acte une fois terminé? Que voit-on, cependant? Le voile, abaissé pour reprendre sa place, ses élévateurs ayant cessé toute contraction, est tiré naturellement en bas par ses piliers postérieurs, puisque le pharynx lui aussi est redescendu et devenu, en descendant, comme l'insertion fixe des pharyngo-palatins ; les piliers sont contractés et un peu rapprochés, ils ont tiré le voile en bas pour que la respiration puisse se faire de nouveau par les voies nasales. C'est là tout ce qu'on voit, et c'est bien peu pour bâtir une théorie.

Cette méthode d'observer le commencement ou la fin d'une déglutition, la bouche ouverte, est si incomplète et si sujette à tromper du reste, que c'est encore en observant le début d'une déglutition dans les mêmes conditions, que tous les auteurs partisans de l'abaissement depuis les deux Albinus jusqu'à Gerdy, ont soutenu que cet abaissement était réellement primitif. La surabondance des preuves que nous avons groupées pour prouver l'élévation primitive, permet suffisamment d'apprécier ce genre d'observer.

Que si nous revenons maintenant aux déductions logiques qui ressortent de cette dernière expérience, nous remarquons de suite qu'au moment où le bol et le liquide sont projetés dans la partie inférieure de l'entonnoir œsophago-pharyngien, deux agents sont seuls en action : la racine de la langue et le pharynx rapprochés et accolés l'un à l'autre, le voile et les piliers postérieurs ne sont nullement visibles. Or, pendant tout cet instant du second temps qui correspond à l'élévation du pharynx, du larynx et au mouvement de la langue, le voile reste élevé, comme on l'a constaté dans notre expérience avec rejet de l'aliment par la plaie œsophagienne. Tout ce mécanisme est d'ailleurs extrêmement rapide : dans le langage, les mots *moment, instant*, sont très-défectueux pour marquer la vitesse avec laquelle se succèdent ces phénomènes(1). Mais si le voile reste élevé, si les piliers n'agissent que pour le tendre tout en soulevant le pharynx, le rôle du voile vis-à-vis le bol est singulièrement simplifié ; si en d'autres termes, au moment où le bol, à la fin du premier temps, passe ou va passer sous lui, le

(1) Voici, d'après M. Arloing, professeur à l'Ecole vétérinaire de Toulouse, la durée des trois phases principales de la déglutition pharyngienne : « Le pharynx met moins d'une demi-seconde ($\frac{8}{17}$) pour se raccourcir, chasser le bol dans l'œsophage et se relâcher. Ce temps se répartit de la manière suivante : $\frac{3}{17}$ depuis le commencement de la déglutition jusqu'à l'occlusion de la glotte, $\frac{2}{17}$ pour la durée de l'occlusion de la glotte et le passage du bol dans l'œsophage, $\frac{3}{17}$ pour le retour du pharynx à sa position première. » (Cptes rendus. Acad. des sc. 1875, p. 1291 et seq.). Chez nos animaux en expérience la fatigue rendait les mouvements plus lents et par conséquent plus faciles à observer.

voile s'élève, et s'il ne s'abaisse que quand nous voyons toutes les parties sous-jacentes, pharynx et larynx, redescendre et l'aliment jaillir à la plaie œsophagienne, il devient certain que le voile ne fait subir aucune pression au bol et n'exerce sur lui aucune action. Tout le rôle qu'il est rationnel de lui attribuer, c'est celui d'une valvule activement soulevée, mais résistant passivement à la poussée de haut en bas, simplement destinée a faire dans la déglutition ce qu'elle faisait dans les autres phénomènes physiologiques où elle fonctionne, l'occlusion naso-pharyngienne seule.

Les piliers postérieurs qui, dans l'expérience de Boerhaave, tout en se rapprochant, se bandant et s'appliquant sur la paroi pharyngienne postérieure n'avaient pu contribuer à faire l'occlusion nasale postérieure, puisqu'ils restaient toujours manifestement distants l'un de l'autre, sont de même sur un plan un peu supérieur aux parties qui agissent pour pousser le bol ; loin de se rapprocher lors de l'ascension du pharynx, dont ils sont un des agents, ils divergent, ils affectent la forme d'un angle très-court, très-obtus, et leur contraction ne sert, nous le répétons, qu'à élever les constricteurs pharyngiens et à tendre le voile. En dehors de ce rôle, ils ne nous paraissent capables de nulle action directe sur le bol, et comme nous ne les avons point vus rapprochés, mais divergeant, ils ne nous paraissent point susceptibles non plus d'aider à clore les narines postérieures.

Cette situation des piliers postérieurs pendant la déglutition, s'explique fort bien quand on examine un voile palatin bien conformé et sain ; on est frappé de la distance qui sépare en haut et en bas les piliers antérieurs des piliers postérieurs (cette distance existe également très-nette chez le chien, quoiqu'il n'ait pas d'amygdales) ; il y a là, surtout quand on élève légèrement le voile, par exemple dans une inspiration assez forte pratiquée exclusivement par la bouche, entre les premiers et les seconds piliers qui vont finir en haut dans le voile, comme deux voûtes en ogive, dont la luette représenterait la clé, un véritable espace qui joue, selon nous, un rôle important dans les phénomènes d'extension en arrière et en haut et de soulèvement du voile. Nous avons dit que les piliers antérieurs bridaient les côtés de la langue et fermaient complètement l'isthme bucco-pharyngien ; or cet espace, qui n'est nullement supprimé par l'action constrictive des glosso-staphylins, va justement permettre aux piliers postérieurs de se reporter franchement en arrière vers la paroi spinale et de subir un mouvement d'ascension ; il facilitera de plus le mouvement d'élévation et d'horizontalité que subit le voile lui-même : c'est là un point qui n'est pas sans quelque importance et que nous signalons.

Les méthodes récentes de laryngoscopie et de rhinoscopie n'ont guère apporté un jour nouveau dans l'étude de la question. Les travaux de M. Guinier, agrégé à la Faculté de Montpellier (1), n'ont guère trait qu'à l'occlusion de la glotte ; mais les procédés expérimentaux de cet habile médecin rendaient si peu le mécanisme propre de la déglutition, que M. Krishaber, connu par de nombreux travaux tous marqués au coin d'une ingénieuse originalité, ne craignit pas, en une spirituelle et un peu vive critique, de lui dire (2) qu'il ne voyait, dans la manière de déglutir de M. Guinier, que l'habileté d'un pharynx *acrobate*. Le mot est vif, nous le répétons, mais l'appréciation est fort juste. C'est là, il faut savoir le dire, qu'est en général le point faible des quelques travaux physiologiques qui sortent de

(1) Guinier, *Exp. phy. sur la déglution*, faites au moyen de l'autolaryngoncopie. V. Comptes rendus de l'Acad. des sc., t. LXI, p. 53 et 267, et *Nouvelles recherch. sur lē mécanis. de la deglut.*, Acad. des sc., 1865.

(2) Krishaber. *Du mécanis. de la déglut.* (Union médicale, 1865, nouv. série, t. XXVI, p. 428.)

la plume des médecins qui s'occupent de cette spécialité. Certes, leur habileté manuelle est grande, mais il ne faut pas qu'elle soit telle qu'elle consiste, dans l'observation d'une déglutition par exemple, à imprimer aux organes chargés d'accomplir cet acte, des positions bizarres, de véritables contorsions dans lesquelles le bol sera comme escamoté. La simple expérimentation convient plus ici qu'une dextérité de prestidigitation. Cette appréciation, nous nous empressons de le dire, ne s'applique qu'à quelques-unes des publications faites à propos de notre sujet, elles ne sauraient s'appliquer à toutes, au travail de M. Moura notamment (1).

Le mémoire de M. Moura contient quelques expériences intéressantes qui prouvent avec évidence l'élévation du voile dans le premier instant du second temps, mais l'auteur a entièrement négligé le côté historique de la question, qui était si fécond pour cette étude, et c'est ainsi qu'il a omis de signaler les meilleurs arguments qui auraient fortement étayé sa théorie. Il est singulier de ne pas rencontrer, dans le travail d'un médecin qui s'occupe de laryngoscopie et de rhinoscopie, la moindre allusion à la douche de Weber, à la douche de Politzer : il est singulier de voir ranger Magendie, Chaussier et Adelon parmi les partisans de l'abaissement du voile comprenant primitivement le bol : ce sont à nos yeux des erreurs et des oublis de quelque gravité.

Comme expérience personnelle, voici celle que M. Moura a instituée pour prouver l'élévation du voile : « L'observation directe, dit-il, démontre que le voile s'élève de lui-même contre le pharynx sous l'influence de la volonté ; en s'appliquant ainsi sur la paroi de ce conduit, il ne prend tout d'abord réellement appui que sur la ligne médiane.

(1) Comptes rendus de l'Acad. des sc., 1861, t. LII, p. 460, et *L'acte de la déglutition, son mécanisme.* — Delahaye, 1867.

Mais si sa tension vient s'ajouter à son élévation, alors le contact a lieu sur toute l'étendue de la paroi pharyngienne, et toute communication cesse entre l'arrière-gorge et l'arrière-cavité des fosses nasales. L'expérience suivante en est la preuve : j'éclaire le fond de ma bouche de haut en bas avec mon pharyngoscope. Ma tête est assez fortement renversée en arrière. Je soulève alors le voile du palais volontairement contre le pharynx, sans produire sa tension, comme si je voulais déglutir ou ne pas respirer par le nez, je verse ensuite par l'une de mes narines de l'eau contenue dans un tube fermé par un bout; dès que le liquide est ainsi arrivé sur le voile du palais, je le vois suinter lentement et former entre les piliers postérieurs et le pharynx deux gouttes qui vont grossissant de chaque côté de la luette et descendent en dedans des piliers. Dès que je soumets mon voile élevé à une légère tension, l'eau cesse de couler dans la gorge. » Qu'est cette expérience, sinon celle de Littre, sinon une faible esquisse de celle de E.-H. Weber (1)?

(1) Le texte même de Weber est assez peu connu, en voici la traduction : « Je dois faire observer que chez un adulte que l'on fait placer sur le dos, de manière que la tête s'étende sur le lit et que les ouvertures des narines soient tournées vers le haut, on peut remplir complétement d'eau les cavités nasales sans que cette eau coule en bas dans la gorge de l'autre côté du voile du palais, et sans que la respiration de la bouche soit empêchée. Le remplissage a lieu, même quand on fait arriver l'eau par une seule narine, pour l'autre narine aussi; l'eau traversant par l'un des méats nasaux à travers la partie supérieure adjacente de la gorge et arrivant dans l'autre méat nasal. L'eau s'étend alors dans les deux narines et présente, pendant les phases respiratoires, une surface alternativement convexe et concave; on voit aussi que le voile du palais peut fermer la sortie de la partie supérieure de la gorge dans la partie moyenne, de sorte qu'aucune eau ne descend quand nous ne détruisons pas, par des mouvements volontaires, cette disposition du voile. » Arch. de Muller, 1847, p. 351-354. Ajoutons, pour être complet, que, dans son expérience, Weber n'avait aucun but médical : il ne s'agissait, pour lui, que de remplir les cavités naso-pharyngiennes pour contrôler ses expériences physiologiques sur la transmission nerveuse de la sensation. C'est donc une recherche de science pure, sans visée pratique, qui a

M. Moura étudie d'ailleurs avec beaucoup de soin le rôle des piliers postérieurs : il constate, comme Debrou, comme nous-même, l'impossibilité pour le bol de franchir l'isthme et d'entrer dans le pharynx, si, comme le veulent Gerdy, Muller, Dzondi, Sandifort, un mouvement convulsif et simultané resserre et amène les uns vers les autres la base gonflée de la langue, l'isthme resserré, le voile et les piliers abaissés et contractés, le pharynx contracté de même. « Dans la déglutition, dit-il justement, la contraction des piliers postérieurs cesse au moment où les aliments s'engagent dans le pharynx. Elle ne se produit en effet que lorsque la base de la langue se rapproche du voile et de l'isthme, de sorte qu'au lieu de fournir un point fixe, cette base affaiblit leur tension, raccourcit le diamètre vertical de l'ouverture qu'ils circonscrivent, agrandit son diamètre transversal, et l'isthme recouvre ainsi la souplesse qu'exige le passage d'une partie des aliments (1). » A part quelques divergences secondaire sur

fourni à la thérapeutique nasale cette excellente méthode de traitement. Littre trouva le même fait en cherchant à nourrir, par le nez, une femme qui ne pouvait se nourrir par la bouche; mais l'expérience de notre académicien de 1718 fut oubliée, et il était réservé à Weber de le découvrir une seconde fois.

(1) Nous appelons isthme du gosier, avec Debrou, et contrairement à M. Moura, l'espace compris entre les piliers antérieurs. M. Moura fait, du reste, erreur quand il dit que la contraction des piliers postérieurs cesse quand la langue s'élève; les piliers postérieurs n'ont aucun rapport avec l'élévation de la langue; ils élèvent le pharynx parce qu'ils s'insèrent à l'aponévrose pharyngienne; leurs insertions inférieures se font en arrière, sur les côtés et sur la ligne médiane du pharynx; les piliers antérieurs, au contraire, se terminent en avant, sur les côtés de la langue. M. Moura n'a pas distingué le jeu des piliers antérieurs de celui des seconds piliers. Ce n'est pas à *travers* ce que M. Moura appelle l'isthme du gosier, c'est-à-dire *dans l'intervalle* ménagé entre les piliers postérieurs que passe le bol, c'est *sous* le Λ renversé, très-court et à branches divergentes (que nous avons signalé dans notre dernière expérience, et qui est formé par les piliers postérieurs), *entre* la racine de la langue et *entre* le pharynx

ce que M. Moura et nous entendons par isthme, ces observations sont conformes aux conclusions de l'expérience dans laquelle nous avons pratiqué la laryngotomie. La division du pharynx en deux parties par les piliers est donc rejetée par M. Moura; c'est le corps du voile qui, par son élévation et sa tension fait cette séparation.

M. Moura ne devait point cependant éviter complètement de tomber dans l'ornière où M. Guinier avait chuté avant lui. M. Guinier conduisait le bol jusque dans le pharynx par une sorte d'inspiration tout à fait artificielle et le faisait tomber ainsi dans l'œsophage : M. Moura, comme l'agrégé de Montpellier, conduit, tout en ayânt, lui aussi, son miroir laryngien appliqué sur le voile relevé, le bol au delà de la base de la langue, *sur une surface qui s'étend de cette base au bord libre de la glotte* (1), puis il déglutit, et il conclut que quand on déglutit un solide dans le mouvement physiologique normal, le solide ne touche même pas le voile : les liquides déglutis seuls touchent le voile. Que dans les expériences de M. Moura les choses se soient passées ainsi, qu'après la déglutition d'un bol roulé dans l'encre, le voile du palais n'ait pas présenté la moindre coloration noire, nous n'avōns pas l'intention de le contester : nous dirons seulement que l'auto-laryngoscopie et la disposition particulière que l'expérimentateur donnait volontairement à sa langue enlevaient à l'observation sa portée, et c'est le cas de dire qu'il n'y avait plus là une véritable déglutition. Nous aussi, nous avons répété ces expériences avec un bol roulé dans l'encre, et grâce sans

soulevé; nous le rappelons, cette sorte de sphincter musculeux, qui pousse l'aliment dans le fond de l'entonnoir œsophago-pharyngien, n'est formé que par la racine de la langue et la paroi postérieure du pharynx contractée, plissée et soulevée.

(1) Loco cit., p. 9.

doute à l'heureuse et plus franche inhabileté de notre voile, il était teint, comme les piliers postérieurs et comme la paroi spinale du pharynx. Les manœuvres savantes qui précèdent la déglutition et la disposition préalable donnée à la langue et au bol, dans l'observation de M. Moura, étaient bien faites pour nous mettre dans un esprit de de défiance, que des expériences plus simples, moins ingénieusement préparées, ont d'ailleurs justifié : chez nous, la langue et le bol poussé par la racine et la face dorsale de celle-ci glissaient le long du voile élevé, ne rencontrant de sa part qu'une opposition purement passive, il est vrai, mais pourtant bien nette. Quant aux liquides fortement colorés (de l'encre si l'on veut encore), ils colorent le voile, indiquant par là qu'ils glissent sur sa paroi inférieure ; c'est là un fait qu'énonce l'auteur, et qui est exact.

Au demeurant, le travail de M. Moura contient des observations intéressantes; mais nous croyons que, quand il s'agit de renverser une théorie pour lui substituer des vues propres, il convient de déployer un luxe de preuves et d'expériences plus complètes que celles du mémoire que nous venons d'étudier : après Weber, Debrou, Maissiat, Politzer, il fallait se montrer plus difficile et à la fois plus simple dans l'expérimentation, il fallait surtout ne pas négliger de citer à l'appui de sa thèse les travaux si remarquables de ces auteurs.

Mais laissons là cette digression à propos du concours que la laryngoscopie nous a prêté dans cette étude, et revenons à la détermination exacte du rôle des organes dans la précipitation du bol et du liquide dans la cavité œsophago-pharyngienne.

Dans la dernière série d'expériences, nous avons vu que, au-dessous du voile et de ses piliers, c'était la base de la langue et le pharynx qui, en se rencontrant par un mouvement contraire, poussaient les aliments dans le pharynx, qu'eux seuls apparaissaient comme les agents de cette précipitation du bol vers le bas; les piliers avaient pour but de tirer le pharynx en haut, au-devant de la matière à déglutir. Le voile avait pour action de s'élever au moment du passage du bol, pour protéger par cette élévation et cette tension les arrière-narines; il ne redevenait vertical en descendant que quand tous les organes sous-jacents descendaient, eux aussi, pour reprendre leur place. Il est d'ailleurs évident, et c'est un point qui n'a pas toujours été observé par les auteurs, qu'il faut bien se garder, dans cette étude de la déglutition, de vouloir étudier séparément le rôle de tel organe, sans tenir quelque peu compte de l'aide qu'il reçoit des organes voisins. Le voile ainsi a, pour nous, une fonction nettement arrêtée : celle d'obturer, en se relevant, la cavité naso-pharyngienne, et d'empêcher les solides comme les liquides d'entrer dans les arrière-narines; mais tout en ne lui reconnaissant vis-à-vis le bol aucun rôle actif, nous admettons de suite que la tension, qui lui est aussi nécessaire que l'élévation, est sous la dépendance immédiate des piliers postérieurs, et indirecte du pharynx. De même la langue n'agit point seule (M. Moura veut qu'elle agisse seule, comme un piston, pour pousser l'aliment dans le pharynx); le pharynx, élevé par ses constricteurs propres, par le larynx, par les stylo-pharyngiens, les pharyngo-palatins, est avec elle un agent indispensable. Que pourrait de même l'élévation du pharynx sans le gonflement et le mouvement en arrière du dos et de la racine de la langue? L'action multiple et coexistante de tous ces organes concourt par des mouvements divers, élévation, tension, gonflement, renversement, constriction, etc, à la chute du bol. On doit cependant fixer le but de chaque organe avec quelque précision de manière à bien comprendre son rôle, sans refuser d'ailleurs l'aide qui lui est prêtée. Nous croyons que cette détermination n'est pas impossible, bien qu'on ait vu déglutir des personnes dépourvues de langue et se servant de leur doigt pour pousser l'aliment vers la cavité pharyngienne, et bien que des adultes, atteints de division congénitale du voile, parviennent tant bien que mal à déglutir un bol, dans une position donnée, il est vrai, et toujours la même, de la tête et du corps. Dans ces derniers cas, en effet, par une sorte d'éducation instinctive des organes, le sujet arrive, en prenant des positions plus ou moins bizarres, à corriger tout au moins un peu les inconvénients de sa difformité. La fille, sujet de l'observation de Jussieu, se poussera avec les doigts l'aliment dans le pharynx; l'adulte, en se tenant debout, pourra imprimer à sa langue et à son pharynx des mouvements dont l'exagération favorisera la chute immédiate de l'aliment dans le bas du pharynx (1); mais empêchez cette fille de pousser l'aliment

(1) M. le professeur Richet, se rattachant exclusivement à la théorie de Gerdy, rappelait qu'après l'opération de la staphylorraphie ce n'était point l'élévation du voile, admise par erreur, qui était un obstacle à la réussite de l'opération, par les mouvements incessants de tiraillement vers le haut que déterminaient de fréquentes déglutitions, mais que c'était uniquement la difficulté de bien affronter les parties avivées qui causait l'insuccès. Il ajoutait que la déglutition se faisait presque normalement chez l'adulte porteur d'une division congénitale du voile. Bérard se montrait moins satisfait de la déglutition de ces sujets : il montrait l'impossibilité où se trouvaient toutes les personnes ainsi atteintes de ce vice de conformation de manger couchées, à la manière des anciens, ou de boire seulement la tête un peu renversée en arrière, dans une demi-supination; ces faits, faciles à constater, ne prouvent pas la valeur absolue de ces grands piliers palatins, formés de chaque côté par la division du voile et simulant, dans leur action, le jeu des glosso-staphylins réduits à leur proportion normale. M. Richet, comme preuve de la non-élévation du voile, faisait appel à la pathologie, et, comparant la paralysie du voile à la division congéniale, concluait que le voile s'abaisse et les piliers se rapprochent, de ce que, dans le premier cas, tout aliment liquide ou solide revient par les fosses nasales, tandis que, dans la division congéniale, si les liquides passent dans la cavité nasale, les solides

avec ses doigts (1), et faites coucher sur le dos cet homme dont le voile est divisé, sans perte de substance d'ailleurs, et aussitôt vous verrez nettement quel était chez celle-ci le rôle de la langue, et chez ce dernier le rôle du voile. Supposez un batteleur atteint de division du voile, et faites-le déglutir la tête en bas; le rôle du voile comme valvule, entière, sans solution de continuité, vous apparaîtra distinctement.

Cette dernière condition est facile à réaliser. Nous fendons longitudinalement le voile d'un chat et d'un chien, et nous les faisons déglutir la tête en bas en inclinant la planche à bascule sur laquelle nous les avons liés : le liquide

refluent moins et tombent finalement dans le pharynx. Ce rapprochement est-il complètement équitable? Dans la division du voile, il y a des plans musculeux actifs, tandis que, dans la paralysie, voile et piliers flottent dans le pharynx, balancés par les courants d'air et d'aliments, comme des lambeaux d'étoffe mouillée. Tout le monde peut s'approprier ce rapprochement sans qu'à nos yeux il serve une théorie plus que l'autre, puisque les piliers, eux aussi, sont paralysés. Nous nous garderons bien de le reprendre pour notre compte, puisqu'on pourrait dire d'autre part : « Dans la paralysie du voile, les piliers ne peuvent plus se rapprocher et les aliments refluent dans les fosses nasales ; vous voyez donc bien que ce sont les piliers qui, en se rapprochant et s'abaissant, empêchent l'aliment de passer dans les arrière-narines et le poussent dans le pharynx. »

Que si l'on veut faire appel à la pathologie, nous pensons, avec M. Duplay (*Traité de path. ext.*, t. III, p. 825), que, dans les cas de polypes naso-pharyngiens d'un volume même médiocre, les phénomènes mécaniques de la déglutition sont singulièrement gênés. « Le voile ne pouvant plus s'élever sans rencontrer la paroi postérieure de la tumeur, dit le savant agrégé, les liquides ingérés refluent vers les fosses nasales. » En serait-il de même si le voile, au lieu de s'élever, était tiré en bas primitivement pour accomplir sa double fonction, d'obturer le nez et de pousser le bol ?

(1) Chaussier (loco cit.) observait que, lorsque la langue avait été détruite accidentellement, les muscles de l'hyoïde acquéraient plus de force et de volume et suppléaient facilement à la perte de l'organe dans la déglutition des liquides, plus facile (à l'inverse de ce qui se passait dans les cas de divisions congéniales du voile) que celle des solides qui a toujours besoin d'être aidée avec les doigts. Boerhaave et Haller avaient fait la même observation.

suinte à travers les narines antérieures, bien que ces animaux fassent des mouvements marqués de déglutition.

La manière dont une femme donne le sein à l'enfant dont le voile est atteint de division congénitale est la reproduction exacte de cette expérience. Si le nourrisson est couché dans la supination, la déglutition est tout aussi impossible que la succion; et si quelques gouttes de lait tombent spontanément (comme il arrive si souvent chez les femmes dont le lait est abondant) dans la bouche de l'enfant, elles refluent dans les fosses nasales; il faut donc que la nourrice prenne l'enfant, le place devant elle dans une position verticale, et aide à l'action de sa bouche en exerçant une pression continue sur la mamelle.

Tous ces accidents qui accompagnent la division congénitale ou accidentelle sont faciles à reproduire sur les animaux, et notamment chez le chien et chez le chat, bien que le voile palatin de ces bêtes soit plus long que le voile humain, et que la cavité naso-pharyngienne soit proportionnellement un peu moins large.

Nous avons pratiqué différentes opérations chez le chien et chez le chat, depuis la simple section longitudinale du voile, l'ablation longitudinale d'une bande peu large de tissu musculo-membraneux, jusqu'à l'ablation totale de l'organe, et nous avons observé que, couchés sur le dos, ceux qui n'avaient subi que la section simple, ou l'ablation longitudinale d'une bande musculaire du voile, faisaient après la déglutition de nombreux reniflements, des inspirations fortes, comme pour chasser un liquide introduit dans les cavités nasales, le liquide, d'ailleurs, paraissant légèrement aux orifices nasaux antérieurs; chez ceux qui, de même dans la supination, avaient subi l'ablation à peu près totale du voile, le reflux liquide avait lieu, souvent abondamment. Placés la tête en bas, étant liés sur la planche à bascule, le reflux avait lieu encore, surtout chez ceux qui étaient à peu près complètement privés de voile.

Enfin, pour observer la manière dont se faisait la déglutition normale chez ces mêmes animaux abandonnés à eux-mêmes, c'est-à-dire buvant et mangeant, alors qu'ils sont sur leurs quatre pattes, nous avons préféré attendre que la cicatrisation fût achevée, afin que la douleur du traumatisme n'apportât nulle gêne particulière capable de modifier encore le mécanisme. Donc, au bout d'une quinzaine de jours, on trouve que chez les chiens dont le voile a été simplement fendu, la déglutition se fait tout à fait normalement : nous examinons leur voile, les deux lambeaux sont réunis, ainsi que cela s'observe chez l'homme dans les plaies de cette région. Chez les chiens à qui nous avons enlevé une bandelette palatine longitudinale, la déglutition se fait moins bien ; elle est lente, très-prudente pour les solides, et cette gêne manifeste se traduit par des reniflements, des mouvements de tête en avant et d'allongement du cou ; quand il y a déglutition de liquide, les reniflements, les fortes expirations par les fosses nasales sont plus marqués ; le liquide perle légèrement aux narines. Chez ceux enfin dont la partie centrale du voile a été à peu près complètement enlevée, tous les accidents sont accentués avec une véritable intensité : l'animal fait six à huit lappées, après lesquelles il s'arrête et donne des marques d'anxiété, de gêne ; il fait effort pour inspirer par la bouche, la respiration nasale est totalement empêchée : ici le liquide ne perle plus aux narines, *il en coule abondamment* (1), et quand on choisit pour liquide du lait, par

(1) Ce n'est pas sans quelque étonnement que l'on trouvera dans le travail de M. Moura le récit d'expériences dans lesquelles l'animal, auquel l'auteur enleva le voile, déglutissait, sans le moindre reflux nasal de solide ou de liquide. Comment M. Moura a-t-il fait son expérience? Comment l'a-t-il interprétée? Nous l'ignorons. Ce qu'il

exemple, l'expérience est d'une entière évidence. La déglutition des matières solides est caractéristique, l'animal évite les gros morceaux, les petits os, il mastique plus longtemps, il déglutit avec de violents mouvements d'allongement du cou : des reniflements fréquents chassent vers le pharynx quelques parcelles de matières introduites dans les fosses nasales postérieures, et dans de fortes expirations nous avons vu rejeter au dehors par les narines de petits morceaux de pain et de viande.

CONCLUSIONS.

En face de l'incertitude que professait Winslow, en face de la théorie de Gerdy et de Dzondi, édifiée sur une série d'hypothèses, nous établissons les propositions suivantes, dont l'observation et l'expérimentation sont les seules bases. Nous rappelons ici que notre travail avait surtout trait à l'étude du rôle du voile palatin dans le second temps de la déglutition.

Rôle du voile du palais. — Dès le début du second temps, à l'instant précis où il commence, le voile palatin, de vertical et abaissé qu'il était, s'élève, devient horizontal, et présente même, vu à travers les fosses nasales,

y a de certain, c'est que, chez les chiens auxquels nous avons enlevé le voile du palais, le lait dégluti *reflue dans les fosses nasales et coule abondamment par les narines extérieures.* Il n'y a, pour constater ce fait, d'une simplicité et d'une évidence extrêmes, qu'à ouvrir les yeux.

largement ouvertes par un traumatisme, sa face supérieure bombée et convexe, comme s'il faisait *gros dos*.

Le voile s'élève *activement*, c'est-à-dire que son soulèvement est uniquement dû à ses muscles propres élévateurs et tenseurs dont la contraction est assez puissante et persistante pour opposer une résistance telle que le corps du voile ne s'abaissera pas, et le bord libre ne s'écartera pas de la paroi spinale du pharynx dans la douche aérienne de Politzer et surtout dans la douche liquide de Weber.

Cette élévation n'a nullement pour cause la poussée de haut en bas occasionnée par l'élévation de la langue, la présence d'un bol plus ou moins volumineux ou une gorgée d'eau : le voile s'élève dans le mouvement réflexe de la déglutition, absolument pour une goutte d'eau ou de salive, pour quelques centimètres cubes d'air, comme pour un bol ou une forte gorgée d'eau. En d'autres termes, la quantité, le volume, la qualité moléculaire du corps dégluti ne modifient nullement l'élévation du voile.

En se soulevant vers la cavité sous-basilaire, le voile du palais décrit un mouvement angulaire de rotation autour d'un point fixe, c'est-à-dire autour de son bord adhérent au bord postérieur de la voûte palatine ; il applique son bord libre sur la paroi spinale du pharynx, bandé et tendu en même temps par les pharyngo-palatins contractés pour élever simultanément le pharynx ; il oppose une résistance efficace aux matières liquides ou solides dégluties (planche II, fig. II).

Ce sont cette élévation primitive et cette tension qui permettent au voile de faire l'occlusion naso-pharyngienne, si nécessaire quand le bol passe sous le voile, c'est-à-dire dans le premier instant du second temps : le voile continue ainsi la voûte palatine osseuse en arrière, mais, pas plus qu'elle, il ne pousse les aliments.

Le voile s'abaisse secondairement. Nos expériences l'ont

montré s'abaissant quand le bol ou l'eau jaillit par une plaie œsophagienne, faite à trois travers de doigt au-dessous du cartilage cricoïde; il faut donc conclure que l'action du voile sur la matière à déglutir est nulle, puisqu'il ne redescend point assez tôt pour agir sur ce bol ou cette gorgée d'eau déjà poussés plus bas par d'autres agents dans des organes creux sous-jacents (partie inférieure du pharynx et œsophage).

Le voile revient à sa position verticale première, grâce au relâchement de ses muscles élévateurs, grâce à son propre poids, et surtout tiré en bas par les glosso-palatins et les pharyngo-staphylins fixés les uns à la langue, les autres au pharynx, qui reviennent chacun à leur place; la contraction des muscles de la région sous-hyoïdienne aide à ce mouvement de descente générale. Le voile redescend donc pour reprendre sa position verticale et permettre la respiration nasale suspendue.

Le jeu du voile, quels que soient d'ailleurs les divers actes physiologiques où il fonctionne, est un : quand il s'élève et rapproche son bord libre de la paroi pharyngienne postérieure, c'est toujours pour ralentir le passage d'un corps quelconque dans les narines ou supprimer complètement ce passage; dans la voix de fausset, dans le nasonnement, c'est l'air qu'il empêche de venir vibrer dans les narines; dans la rumination, c'est le bol qu'il empêche de pénétrer dans les mêmes cavités.

Quand le voile s'abaisse c'est toujours pour rétablir la communication entre la cavité nasale et la cavité pharyngo-laryngienne.

Rôle des piliers antérieurs. — Le voile étant élevé et servant de point fixe (premier instant du second temps), les glosso-palatins aident à l'élévation de la langue, surtout de ses côtés; quand la langue s'abaisse (fin du second temps et retour de la langue dans la cavité buccale) et devient point fixe, ces mêmes muscles tirent le voile en bas.

Les piliers antérieurs limitent l'isthme bucco-pharyngien (Debrou) et servent avec les seconds piliers, quand le voile est fortement abaissé, à le clore, en s'appliquant sur la racine de la langue ; la bouche ainsi fermée en arrière ne laisse pas jaillir dans le larynx ou le pharynx les matières qu'elle contient (succion, boire à la régalade, se rincer la bouche, etc.)

Rôle des piliers postérieurs. — Le voile élevé et point fixe, les piliers postérieurs s'élèvent aussi et décrivent avec le bord libre du voile un angle supérieurement un peu arrondi ; en se contractant, ils soulèvent le pharynx, s'appliquent en arrière à la paroi pharyngienne postérieure gonflée et venant à eux ; ils tendent en même temps le bord libre du voile en figurant un Λ très-court, très-ouvert et renversé, dont le sommet répond à ce même bord libre.

Le pharynx redescendant à sa place avec le larynx, le corps thyroïde, etc., et devenant point fixe, ils tirent en bas le voile et l'abaissent pour le replacer dans la position verticale.

Sans les piliers postérieurs, dans le mouvement d'élévation, une partie du voile et le bord libre seraient nécessairement culbutés en haut par les élévateurs palatins et la poussée du bol et de la langue ; ainsi se trouverait réalisée l'étrange théorie du pont-levis dont on a accusé Bichat : et pour s'abaisser le voile palatin, réduit à son seul poids, ne pourrait jamais sans ces muscles revenir à la position verticale. Les pharyngo-palatins sont par excellence tenseurs et abaisseurs du voile, mais ils ne l'abaissent que quand la matière à déglutir est déjà beaucoup plus bas dans le fond de l'entonnoir pharyngo-œsophagien dans l'œsophage lui-même.

Nous n'avons point vu dans nos différentes observations et expériences que, dans l'élévation ou l'abaissement du voile, les piliers postérieurs en se rapprochant aient jamais limité cette fente, cette ligne idéale figurée par Dzondi pour concourir à clore l'orifice nasal postérieur.

Rôle du pharynx. — Gerdy représentait le pharynx avalant le voile avec le bol ; ce langage exagérément imagé ne contenait qu'erreur. Le pharynx participant au mouvement d'ascension générale, du voile, de la langue, qui a pour cause tous les muscles à insertions supérieures et osseuses aponévrotiques (bouquet de Riolan, glosso et pharyngo-staphylins, constricteur supérieur, constricteur moyen quand l'os hyoïde se soulève avec la langue, constricteur inférieur quand les cartilages thyroïde et cricoïde s'élèvent de même, etc.) a pour but principal de mettre le fond de l'entonnoir musculaire qu'il constitue au devant du bol, et à lui éviter ainsi les trois quarts de chemin à parcourir. Tiré donc vers le haut, il remonte à la rencontre de la langue, se gonfle en se contractant comme elle, s'éloigne de la paroi spinale, se fronce, s'incurve sur ses côtés et constitue ainsi une partie de ce sphincter pharyngo-lingual que nous avons décrit.

Nous doutons fort que le constricteur supérieur étreigne le voile au second temps. Maissiat disait aussi : « Ce muscle suspendu en guirlande à la base du crâne ne me paraît pas mieux disposé pour s'appliquer sur le bord libre du voile pour empêcher l'aliment de passer entre le voile et la paroi spinale (1). » Et en effet, le voile seul, son bord libre appliqué à la paroi spinale, faisait l'occlusion naso-pharyngienne complète dans les expériences de Boerhaave, et dans la douche de Weber, sans le secours du constricteur du pharynx, car le pharynx lui-même n'était ni élevé ni contracté.

(1) Th. citée.

Rôle de la langue. — Son rôle est aussi important dans le second temps que dans le premier. C'est elle qui en se gonflant et se portant en arrière vers le pharynx soulevé, pousse d'abord l'aliment sous le voile, puis continuant son mouvement d'ondulation musculaire et de renversement, se rencontre avec le pharynx et constitue avec lui ce sphincter serré qui chasse le bol plus bas encore, dans le fond du pharynx et l'œsophage.

En sorte que dans ce moment extrêmement court, il est vrai où le bol est dans le fond de l'entonnoir pharyngo œsophagien, il y a deux obstacles au-dessus de lui : 1° le sphinter pharyngo-lingual ; 2° le voile élevé, tendu et appliqué à la paroi spinale.

Telles sont les conclusions que nous avons tirées des faits expérimentaux qui précèdent : nous nous sommes surtout efforcé dans ce travail de ne point bâtir une théorie à l'aide d'entités et d'hypothèses, ce qui était peut-être difficile dans un sujet où un grand nombre d'auteurs et non pas les moindres, avaient paru préférer, pour étayer leur opinion, des arguments théoriques et des raisonnements spécieux aux simples faits. Nous nous sommes appliqué au contraire à réunir tous les faits, toutes les expériences reconnues justes et d'autant mieux prouvées qu'elles sont faciles à reproduire, les groupant en une chaîne dont tous les anneaux se tiennent les uns aux autres le plus solidement possible : cela nous a paru la plus logique manière de raisonner. Nous avons ajouté à notre travail des expériences propres faites sur les animaux, méthode que l'on n'avait pas encore appliquée à cette question, nous ignorons pour quel motif, et nous espérons que l'on admettra notre assimilation après la lecture de notre exposé de physiologie et d'anatomie comparées.

Nous sollicitons maintenant l'attention bienveillante de nos maîtres, car il reste certainement dans ce travail bien des lacunes, bien des points non éclairés. De plus, un effort prolongé d'attention sur la même question, tout en la faisant envisager par ses différents côtés, ce qui est un avantage pour la bien connaître, finit par engager l'esprit dans une voie très-déterminée : on s'y enfonce chaque jour plus avant ; on croit toujours être clair, alors qu'on reste obscur ; on pense avoir tout dit parce que d'un mot on a cherché à esquisser une idée très-nette pour soi, mais qu'on aurait dû appuyer des raisons qui vous paraissent de notion commune, et au souvenir desquelles votre opinion aurait gagné près du lecteur ; peut-être même forme-t-on d'une manière inconsciente l'oreille au rappel des objections qui vous venaient naturellement, avant d'être fixé.

Ici du moins, nous n'avons marché que précédé de faits, et nous souhaitons en terminant que l'étude de ce point de la déglutition intéresse encore quelque observateur : depuis près de quarante-cinq ans ce sujet avait été presque entièrement négligé.

Physiologie comparée de la déglutition.

« La déglutition des mammifères ne diffère point de celle de l'homme, dit justement M. le professeur J. Béclard (1). » C'est là une proposition fort nette dont il est facile de vérifier l'exactitude. Voulant joindre à ce mémoire quelques notions de physiologie comparée, nous avons donc passé en revue le mécanisme de la déglutition

(1) Loco cit., p. 144.

chez nos animaux domestiques, ainsi que sur les principaux vertèbres.

Nous n'ignorons point que c'est un fait capital dans ce travail d'établir la ressemblance anatomique et physio logique de la déglutition chez l'homme et les animaux, dont nous avons fait usage pour nos expériences : or nous avons seulement pris le chien et le chat, et l'expérimentation, ce nous semble, a justifié, à elle seule, le rapprochement, puisque les accidents provoqués sur le voile de ces animaux amenaient les mêmes inconvénients que chez l'homme. La structure du pharynx, de la langue, du larynx, du voile, leur situation, leurs rapports sont d'ailleurs, ainsi que nous l'avons déjà montré, exactement les mêmes que chez nous ; l'absence des glosso-staphylins remplacés par deux replis muqueux, l'absence des amygdales et une luette rudimentaire ne gênent nullement la comparaison.

Après l'homme, le chien et le chat ont, parmi les mammifères, le voile du palais le plus court, le pharynx le plus spacieux, et comme chez l'homme encore, l'isthme de leur gosier constitue un orifice largement ouvert : ce degré d'ouverture de l'isthme a une importance extrême dans notre assimilation de ces carnassiers à l'homme ; car, seuls, ces animaux respirent avec facilité par la bouche, et rendent aussi par l'isthme et par la bouche les matières chassées de l'estomac pendant le vomissement. C'est là un point sur lequel n'ont pas manqué d'insister tous les auteurs qui ont traité l'anatomie et la physiologie comparée des animaux domestiques, depuis Douglass et Garengeot jusqu'à Dugès, MM. Colin, Chauveau, S. Arloing. Ce que nous disons du chien et du chat s'applique naturellement aux autres carnassiers, lion, tigre, ours, etc.

Les rongeurs : lapin, cochon d'Inde, déglutissent exactement de la même manière.

Les solipèdes : cheval, âne, mulet, déglutissent aussi de

même; la disposition anatomique de leur voile est la même que celle du voile humain, mais la longueur en est considérable. Pendant le second temps, le voile s'élève pour agrandir l'isthme et laisser passer les aliments ou les boissons. Il remplit le rôle d'une véritable soupape qui se soulèvera pendant le passage du bol ou de la gorgée de liquide dans l'œsophage à travers le pharynx. Cette similitude de rôle du voile chez l'homme et le cheval donne à nos yeux une véritable valeur aux expériences de MM. Chauveau et Arloing, et justifie encore l'assimilation que l'on peut faire de la déglutition chez ces deux mammifères. Mais ce qui nous fait naturellement préférer l'expérimentation sur les carnassiers, c'est que la disposition de leur isthme et de leur voile leur permet de vomir, tandis que les solipèdes, en règle générale, ne vomissent pas. Les fibres musculaires du cardia chez le cheval sont tellement puissantes, qu'immédiatement après la mort de l'animal, si on enlève l'estomac, si on lie le pylore, quelque fortes que soient les pressions que l'on fasse subir à cet organe distendu par les matières alimentaires, on ne peut parvenir à vaincre la résistance du cardia et à faire jaillir la masse liquide et solide par cet orifice. Que si, chez l'animal vivant, la résistance du cardia est vaincue et si le vomissement a lieu, on peut affirmer presque à coup sûr qu'il y a rupture de l'estomac distendu par le chyme et contracté par d'extrêmes efforts. Mais, dans ce cas même, l'aliment rejeté ne revient pas de l'œsophage dans la bouche ; la disposition du voile du palais chez les solipèdes est telle que les matières vomies glissent sur sa surface postérieure et sont rejetées par les cavités nasales. Le voile palatin forme donc ici une cloison complète, qui ferme complétement l'orifice de communication entre la bouche et l'arrière-bouche ; cette disposition explique encore pourquoi, dans les circonstances ordinaires, les solipèdes respirent exclusivement par le nez.

Chez les ruminants, le voile est notablement moins long : dans la rumination, dans ce mode de rejection comme dans le vomissement, « les aliments renvoyés à la bouche passent sous le voile du palais brusquement soulevé, s'étalent sur la langue et s'échappent en partie entre les molaires et les joues, qu'elles soulèvent parfois d'une manière assez marquée (1). »

M. le professeur Chauveau a bien étudié le voile palatin chez le dromadaire. Chez cet animal, cet organe est très-développé, et le détroit qui fait communiquer la bouche avec le pharynx est très-resserré et très-allongé. Les piliers antérieurs remontent haut sur la face correspondante de l'organe. Cette même face présente un appendice pyramidal (luette) mou, flasque, à surface granuleuse, très-mobile, et dont la base est dirigée en avant. De chaque côté de son sommet cet appendice offre deux prolongements qui se recourbent en dehors, en laissant au-dessous d'eux un petit sinus ou diverticulum ; sur les bords existent des glandules en grappes, qui soulèvent irrégulièrement la muqueuse antérieure.

Chez les autres pachydermes, chez les cétacés, le mécanisme de la déglutition varie comme la structure des parties et le milieu où ils doivent vivre : les carnassiers, et après eux les solipèdes, les rongeurs, les ruminants sont donc les seuls animaux que l'on puisse étudier pour appliquer les résultats de l'expérimentation qu'ils subissent à la déglutition humaine.

Le porc et surtout l'éléphant, à cause de la disposition particulière de leur voile et de leur larynx, peuvent respirer pendant la déglutition.

(1) Colin, loc. cit., t. I, p. 636.

Chez l'éléphant, la glotte reste ouverte et la respiration s'effectue pendant le second temps. Le voile palatin de cet énorme mammifère entoure une épiglotte très-allongée, laissant au milieu le passage libre pour l'air du larynx aux fosses nasales et sur les côtés deux rigoles, où coulent, pour descendre dans l'œsophage, les liquides soufflés et injectés par la trompe.

Le porc a un voile palatin qui, comme celui du cheval, descend fort bas jusqu'à l'épiglotte : son larynx est entièrement coiffé et embrassé par une très-large épiglotte, mais ses cartilages corniculés, extrêmement développés, s'allongent en arrière, formant ensemble une gouttière qui s'élève jusque vers le haut du pharynx dans la concavité même de cette épiglotte, qui ne doit point, par conséquent, gêner le passage de l'air.

M. le professeur Bert, qui acceptait parfaitement notre assimilation de la déglutition chez les carnassiers et chez l'homme, n'admettait naturellement plus qu'elle fût poursuivie pour des mammifères inférieurs comme la loutre, le phoque; il nous décrivait, avec son obligeance connue, le mécanisme de la déglutition chez ces amphibies : le voile de ces animaux est extrêmement long; il entoure le larynx en ménageant deux passages latéraux, en sorte que le bol passe en tournant autour du larynx, sous le voile, pour tomber dans le pharynx.

Les cétacés peuvent plus facilement encore respirer tout en avalant leur proie, la bouche cachée sous l'eau, parce que leur larynx conoïde s'enfonce dans un voile du palais tubuleux, ouvert dans les arrière-narines, dont l'orifice supérieur, l'évent, reste au-dessus de la surface des mers, tandis que les aliments passent sur les deux côtés de ce voile vaginiforme.

Chez les poissons, la déglutition est un phénomène moins compliqué : il n'y a plus ni lèvres, ni joues qui favorisent la préhension; la langue est imperforée; plus de mastication. Ils ont quelquefois, derrière les dents antérieures, un repli valvulaire qui supplée à l'absence des lèvres et à l'imperforation de la langue. Leur pharynx est large et en partie circonscrit par le bord interne des arcs branchiaux; il favorise la déglutition, qui ne commence réellement qu'à lui, par les nombreuses denticules dont sont ordinairement couverts ces arcs mêmes, par celles qui hérissent souvent une langue rudimentaire, et par les dents plus véritables encore qui sont incrustées sur leurs os pharyngiens, à l'entrée de l'œsophage; chez certains même, ces dents sont des plaques rugueuses qui opèrent une sorte de mastication pharyngienne.

Les oiseaux ont une langue hérissée de papilles cornées en forme de griffes, toujours dirigées en arrière, et favorisant ainsi la progression des aliments vers le gosier. Chez beaucoup d'oiseaux, elles sont même laciniées, et la langue affecte la forme d'un fer de flèche, c'est-à-dire qu'elle est armée en arrière de deux angles saillants et aigus très-propres à empêcher l'aliment de repasser du gosier dans le bec. Des papilles rigides demi-cornées, dirigées en arrière, existent aussi au palais, au pourtour des narines postérieures, de la glotte, qui aident à la descente des matières. Le pharynx n'existe à proprement parler, chez les oiseaux, que quand la cavité buccale est close par le rapprochement des deux parties du bec. Dans le second temps, la glotte se ferme d'elle-même hermétiquement; quelquefois même il y a jeu d'un rudiment d'épiglotte (geai, flamant, d'après Cuvier).

Les batraciens et les sauriens ont des dents palatines en crochet qui saisissent l'aliment et le broient.

Le crocodile a un rudiment d'épiglotte (Cuvier), mais sur la base de sa langue s'élève une valve formée par la production de l'hyoïde qui ferme le devant du pharynx et permet à l'animal de saisir sa proie sous l'eau sans être suffoqué (Humboldt).

Chez les serpents, couleuvres, vipères, crotales, boas, etc., le jeu des mâchoires est capital dans la déglutition. Les os ptérygoïdiens séparés du sphénoïde sont suspendus à un os tympanique très-mobile et servent de support principal au palatin et au maxillaire supérieur, tous deux garnis de dents, et qui ne sont que suspendus aux os de la face : au même os tympanique s'attache la mâchoire inférieure, dont chaque moitié n'est liée à l'autre que par des ligaments fort lâches et fort extensibles. Il résulte de là que toutes les parties osseuses de la bouche peuvent s'écarter à une grande distance, de sorte que le serpent pourra avaler, avec effort, il est vrai, une proie quatre à cinq fois plus volumineuse que ne l'est sa tête au repos.

C'est ainsi que poussés en avant par l'impulsion donnée à l'os tympanique et aux plérygoïdiens, le maxillaire supérieur et le palatin du côté droit et le maxillaire inférieur du même côté s'avancent sur la proie, s'y appliquent, y enfoncent leurs petites dents crochues et dirigées en arrière, la tirent dans ce sens en la poussant vers le gosier, et la maintenant ensuite fixe, tandis que les mêmes parties du côté gauche, s'avancent à leur tour pour opérer un progrès nouveau. C'est ainsi que le corps pénétrant peu à peu, attiré par cet engrenage dentaire, distend la tête du serpent dont les parties ne se rapprochent que quand cette déglutition laborieuse est terminée.

NOMENCLATURE

Des désignations du voile et des muscles

DANS LES AUTEURS ANCIENS ET MODERNES

> « Aliqui novitalis desiderio incitati antiqua dividunt, iis plura nomina imponunt, alia quæ sibi vidisse videntur, inutiliter ut plurimum addunt, sicque studentibus confusionem pariunt. »
> (Santorini, *Tab. sept.*, p. 74.)

La multiplicité des noms imposés aux muscles du voile nous a engagé à dresser cette nomenclature pour obvier aux inconvénients dont se plaignait non sans raison Santorini (1).

VOILE DU PALAIS. — Palatum molle.
Velum palatinum.
Septum staphylinum.
« palatinum.
Corpus uvulæ.
Uvula.
Faucium valvula.

PALATO-STAPHYLINS. — Palato-staphylini (pairs).
Staphylini.
Epistaphylini.
Azygos uvulæ (impair. Morgagni).

PERISTAPHYLINS INTERNES. — Sphœno-palatini.
Uvulæ interni.
Salpingo-staphilini interni.
Peristaphylini interni.
Petro-salpingo-staphylini.
Petro-staphylini.
Peristaphilini superiores.
Salpingo staphylini.
Pterygo-staphylini interni
Levatores palati mollis.

(1) Les dénominations françaises telles que celles de Sabatier, Chaussier, ont été mises en latin comme les autres ; bien souvent ces auteurs ne faisaient du reste que les traduire du latin des vieux maîtres qui, comme on sait, à Leyde, à Bruxelles, à Bâle comme à Bologne et à Paris, faisaient usage de cette langue pour leurs écrits scientifiques.

PERISTAPHYLINS-EXTERNES. — Circumflexi palati mollis.
Sphœno-palatini.
« staphylini.
Sphœno-salpingo-staphylini.
Pterygo-salpingo-staphylini.
Palato-salpingœi
Uvulæ externi.
Novi tubæ euschianæ musculi.
Sphœno-pterygo palatini.
Peristaphylini inferiores.
Pterygo staphylini externi.
Tensores palati.

GLOSSO-STAPHYLINS. — Glosso-palatini.
« staphylini.
Constrictores isthmi faucium.

PHARYNGO STAPHYLINS. — Palato-pharyngœi.
Pharyngo-palatini.
Constrictores isthmi faucium.
Hypero-pharyngei.
Thyreo-palatini.

Winslow avait divisé les pharyngo-staphylins en trois parties : La première partie ou supérieure, le péristaphylo-pharyngien, se fixait au bord postérieur de la voûte palatine et à l'aponévrose du péristaphylin externe en se confondant au milieu avec celle du côté opposé; la seconde ou moyenne, le pharyngo-staphylin, occupait le pilier postérieur; toutes les deux se continuaient inférieurement avec le thyro-staphylin ou thyro-pharyngien, descendant sur le côté du pharynx, envoyant des fibres vers la ligne médiane, en même temps qu'au cartilage thyroïde.

Les péristaphylins externes étaient divisés par quelques auteurs en plusieurs muscles. Les ptérygo-salpingoïdiens étaient constitués par la partie qui va du côté sphénoïdal de la portion osseuse et de la portion molle voisine de la trompe au crochet de l'aile externe de l'apophyse ptérygoïde. Les sphéno-palatins, ou sphéno-salpingo-staphylins, ou salpingo-staphylins externes allaient de la poulie ptérygoïdienne à l'aponévrose palatine vers la luette; c'était proprement les péristaphylins externes. D'autres auteurs appelaient encore ptérygo-staphylin supérieur la portion externe des mêmes muscles attachée à la partie supérieure de l'apophyse ptérygoïde, après son attache à la partie sphénoïdale de la portion osseuse de la trompe; le ptérygo-staphylin inférieur était la partie qui allait du crochet ptérygoïdien à la cloison vers la luette. D'autres voulaient désigner ce ptérygo-staphylin inférieur sous le nom d'épistaphylin latéral et pour eux les palato-staphylins devenaient staphylins ou épistaphylins moyens.

BIBLIOGRAPHIE

Andreæ Vesali. Bruxellensis scholæ medicorum Palauinæ professoris, de humani corporis fabrica libri septem. Gr. in-fol. Basileæ, 1542, p. 254, 28 — 258, 32 — 603, 48.

Fallopii (Gabrielis). Observationes anatomicæ. p. 123 et seq. in-32, 1562.

Eustachius Bartholomæus. Tabulæ anatomicæ, in-fol. Rome. Edit. Lancisi, 1714. Tabulæ XLI et XLII. Fig. 6. n. M.

Bœcler (Jean). Hist. instrum. deglut. Dissert. in-4° Argentorali, 1705.

Joannis Riolani filii. Anthropographia et osteologia. Parisis, in-8°, 1626, 1 vol. (Edit. princeps 1618). Cap. VII, XII, XIII et XVIII.

Dionis. Premier chirurgien de madame la Dauphine. L'anatomie de l'homme (suivant la circulation du sang et les dernières découvertes), démonstr. VIII, p. 439 et seq. Paris, 1690.

Corporis humani anatomiæ, authore *Philippo Verheyen,* 2e édit. in-8°, Bruxelles, T. I. p. 275. Cap. XX et XIX, tab. 29.

Traité de l'usage des parties, par *Verduc,* œuv. posth. Paris, 2 vol. in-18, tome 1 p. 139 et seq. 1696.

Valsalvæ opera. T. 1. De aure humanâ tractatus. Venetiis, 1740, in-4° édit. de Morgagni, p. 31 et 32 (édit. princ. 1704, in-4°. Bologne).

Casparus Bartholinus. Spec. hist. anat. partium corp. hum. 1701, in-4°.

Petit. Mém. de l'Acad. des Sc. — De quelques-unes des fonctions de la bouche, 1715 et 1716 (1er mém. 1715, p. 140-145) (2e mém. 1716, p. 17 et seq.)

De Jussieu. Mém. de l'Acad. des Sc. — Sur la manière dont une fille sans langue s'acquitte des fonctions qui dépendent de cet organe, 1718, p. 300 et 304.

Littre. S'il y a du danger de donner par le nez, des bouillons, de la boisson ou tout autre liquide. Mém. de l'Acad. des Sc., 1718, p. 6.

J. B. Winslow. Exposit. anat. de la struct. du corps humain. — 5 vol. in-12, 1732, tome IV (2e partie), Traité de la tête, p. 670-691.

Spies (J.-C.) De deglutitione, ejus lesione et therapiâ (Dissert. in-4e) Helmstadii, 1727.

Valthor (A. F.) De deglutitione naturali et præpostcrâ. Diss. in-4° Lepsiæ, 1737.

Vater (Abraham) De deglutitionis difficilis et impeditæ causis abditis, dissert. in-4°. Willebergæ, 1750.

Haen (Ant. de) De deglutitione vel deglutitorum in cavum ventriculi descensu impeditis, diss. in-4° 1750.

Fredericus Bernardus *Albinus*. De deglutitione (pro gradu doctor.) Lugd. Batav 1740, réimprimé in collectione Halleri, Disputationum anatomicarum volumen VII. Gottingæ, 1751.

Albinus (Sigfriedius). Historiæ musculorum hominis, liber III, cap. LVI, LVIII, LX, LXI, p. 232-245.

Haller (Albertus V.) Elementa physiologiæ corporis humani, tome VI, Bernæ et Lausannæ, in-4°, 1764.

Boerhaave (Herman). Institutions de médecine, traduites du latin en français par de la Mettrie, docteur en médecine, tome 1, p. 48 et p. 61 à 65, in-18, Paris, 1739. (Edit. lat. princeps, Leyde 1713.

Zinckernagel (F.-A.) De deglutitionis difficilis et impéditæ causis abditis. V. in collect. Halleri. Disputationes ad morb. hist. et curat. facientes, 8 vol. Lausanne, 1757. tome 1, p. 577.

Haase (C. C.) De causis difficilis deglutitionis. Dissert, in-4°, Gottingæ 1781.

Morgagni. Venetis 1762. Adversaria anatomica omnia, gr. in-fol. Tab. 1, p. 22. Animad. I. p, 6. — Animad. XIV et XVIII, p. 40 et 41. V. aussi Anatom. epistola, art. 93, p. 35.

Encyclopédie ou dict. raison., des sc., des arts et métiers, mis en ordre et publié par Diderot et d'Alembert. Tome IV, 1754, p. 753 et seq., art. Déglutition, par d'Aumont docteur et premier professeur de médecine à l'Université de Valence.

Dict. universel de médecine, traduit de l'anglais de M. James par MM. Diderot, etc. 7 vol. in-fol. 1747. Vol. v., p. 293. Art. Palatum.

Sandifort (Edouardus). Descriptiones musculorum hominis, gr. in-4°, Lugd. Batav. 1781. reg. VIII, p. 118 et seq.

Verdier. Abrégé de l'anat. du corps hum., 3e édit. 2 vol. in-18, 1746, Paris, tome 1, p. 48 et seq.

Lieutaud. Elementa physiologiæ. Amsterd., in-8°, 1749, p. 128. Deglutitionis modus mechanismus.

Santorini. Tabulæ septemdecim, 1 vol. gr. in-4° 1775, (Edit. princ. Leyde 1724). Tab. VI et VII. — Explic. p. 76, 83.

Quesnay (François), chirurgien reçu à St-Come, chirurgien de Monseigneur le duc de Villeroy. Essai physique sur l'économie animale, 1736 in-18, p. 152 et seq.

Garengeot (René Croissant de). Miotomie humaine et canine, 3e édit. 1750, tome 1, art. VIII, p. 110-124. — T. 2, p 181.

Douglass (Jacobus). Descript. comp. muscul hom. corp. hum et quadrupedis, trad. de l'angl. en latin. Lugd. Bat. 1738. (Edit. princeps 1707) cap. XII à XVII p. 57 à 68.

Dufieu (J. F.) Chirurgien au grand Hôtel-Dieu de Lyon, 2 vol. in-12, Lyon, 1763, tome II, p. 449 et seq.

Ventz. De deglutitionis mechanismo. Erlang. 1790, in-4°.

Dodart. Mém. de l'Acad. Roy. des Sc. Mém. sur les causes de la voix de l'hom. et de ses différents tons. 1700, p. 241-261 — 1707, suite au mém. précéd. p. 66.

Ferrein. Mém. de l'Acad. des sc. 1741. Mém. sur la format. de la voix p. 409.

Cullen. Physiologie. Trad. de l'angl. sur la 3e édit., par Bosquillon, docteur-régent de la Faculté de médecine. Paris, 1785, p. 143, CCXXIII.

Grimaud. Professeur à l'anc. univ. de Montpellier. Cours complet de physiologie, recueilli en 1782 et publié par le docteur Lanthois, en 1818. T. 1, p. 482 et seq. Lec. XIV).

Sabatier. Traité complet d'anat. 3 vol. in-12, 1777. T. II, p. 222 et seq.

Spallanzani. Expériences sur la digestion. Genève, in-18. (V. expér. de Gosse, de Genève.)

Van Swieten. Commentaria in Hermani Bœrh. Aphor., tome v, gr. in-4°. Paris, 1773, p. 369 (Lues venerea.)

Bichat. Anat., descrip. T. II, p. 50, 1800.

Sandifort fils (P-.J.). Deglutitionis mechanismus, sectione narium oris, faucium, illustratus. Dissert. inaug. in-4°, Leyde, 1805.

Etienne (M. C.) Considérations générales sur les causes qui gênent ou empêchent la déglutition. Dissert. inaug., in-4°, Paris, 1806.

Magendie. Thèse de Paris, 1808. Essai sur les usages du voile du palais. — Mémoire sur l'usage de l'épiglotte dans la déglutition, 1813. — Précis de physiol., 1833, t. II, p. 63.

Richerand (Anthelme). Nouv. élém. de Physiol. Paris 1801.

Chaussier. Cours d'anat. Table synoptique de la digestion, section IV, Déglutition.

Dictionnaire des sciences médic. Paris, 1814, t. IX, art., digestion, p. 403, par *Chaussier et Adelon*.

Boyer. Traité d'anat. (4e édit.), Paris, 1815, tome II, Myologie, p. 104. tom. IV, Splanch., p. 213.

Martini (Laurent). Prof. à l'Univ. de Turin. Elém. de Physiol., traduit du latin par le docteur Ratier. Paris, 1824, cap. IV, p. 254.

Broussais. Traité de physiol. appliqué à la médecine, 1834, tome 1 p. 93 et seq. Paris.

Dictionnaire en trente volumes. 1re édition. Art. Digestion par *Rullier*, médecin à la Charité. — V. 2e édit., 1835, Xe vol., même art., par Rullier, p. 305 et seq.

Adelon. — Physiologie de l'hom., 4 vol. in-8°, Paris, 1831. Tome II, p. 347 et 421.

Blandin (Ph.-F.) Nouv. élém. d'anatomie, 2 vol. in-8°, 1838, vol. 1 p. 384 et seq.

Jules Cloquet. Anatomie de l'hom. 5 vol. 1821-31. Paris, édit. de Lasteyrie avec planches in-fol. V., tom. 1, Descrip. et fig. — Texte p. 170 et 172. Planche, LXI, LXIII.

Hippolyte Cloquet. Traité d'anat. descrip. 2 vol. in-8° 1835. 6e édit. tome I, p. 476 et seq.

Gerdy (P.-N.) Préface de la physiologie médicale, didactique et critique, 1830, p. viij, et seq. Béchet j. Paris. — Note sur les mouvements de la langue et du pharynx. Bullet. univ. des sc. médicales. Paris, 1830, cah. de Janvier, tome xx, p. 33. — Dict. en 30 vol. Communicat. or. à Rullier, art. Deglut., tome x, p. 304, 1835. — In th. de Debrou, comm. or. p. 11, 1841. — MM. Broca et Beaugrand ont réuni les œuv. anat. et physiol. de Gerdy cette année et les ont publiées chez Asselin. 2 vol. in-8°, 1875.

Dzondi. Die functionen des veichen Gaumens. Halle, 1831, p. 44-66.

Bourdon (Isidore). Principes de physiol. médicale. Paris, 1828, 1 vol in-8°, p. 207.

Marchal de Calvi. Physiol. de l'hom., in-18, 1841, p. 66.

Beullac. Manuel de physiol. in-12. Paris, 1826, p. 19 et seq.

Bidder. Neue beobachtungen ueber die bewegungen des weichen gaumens, Dorpat, 1838.

Dugès (Ant.) profes., à la Fac., de Montpellier, 3 vol. in-8° ; Traité de physiol. comp., 1838, tome ii, p. 341 et seq.

Maissiat. Thèse inaugurale. Paris, 1838. Quel est le mécanisme de la déglutition ? — Essais sur la physique animale, 1 vol. in-8° 1841.

Debrou. Thèse inaugurale. Paris, 1841. Des muscles qui concourent aux mouvements du voile du palais.

Muller (J.) Traité de physiol. hum. (édit. franç.) trad. Jourdan, 1845. tome 1, p. 402 et seq.

Rigaud. Cours d'études anat. Paris, 1839, p. 284.

Lisfranc. Clinique chirurg. de la Pitié. Tome I, p. 3 et seq. Paris, Béchet et Labé, 1841.

Theile. (F.-G.) Prof. d'anat. à l'Université de Berne. Encyclopédie anat., (Traité de Myol.) tome iii, ch. vii, p. 60 et seq. trad. Jourdan, Paris, 1843.

Burdach. Prof. à l'Université de Kœnigsberg, Traité de physiol. considérée comme science d'observat. (9 vol. in-8°.) 1841, trad. Jourdan, tome ix, p. 187, chap. ii.

Bérard. Cours de physiol. tome ii, p. 23 et 25, 1849. — V. Nouv. élém. de physiol., par le baron Richerand, 10e édit. revue par Bérard aîné, tome I, p., 232 et seq. 1833. — Dict. en 30, tome 28, art. Staphylorraphie.

Menière. Communic. orale à Bérard aîné. V. Cours de physiol. de Bérard.

Béraud. Elém. de physiol. revus et augm. par M. Ch. Robin, agrégé, tome ii, p. 30 et 31, 2e édit. 1857.

Brachet. Membre de l'Acad. de méd., Physiol. de l'hom., 2 vol. in-8° 2e édit. 1854-55, tome ii, p. 43. Ve Section.

Longet. Traité de physiol., 3 vol. in-8°, G. Ballière, 1868-70, tome I, p. 119.

Beaunis et Bouchard. Nouv. élém. d'anat. descript. J. B. Baillière, Paris, 1868, p. 697 et seq.

Oré. Nouv. dict. de méd. et chir. pratiques, secret., S. Jaccoud, tome x, Paris, 1869, art. Déglut., p. 765-770.

Küss. Cours de physiol , professé à Strasbourg et rédigé par M. Duval, 1 vol. in-18, p. 248, 1872, J. B. Baillière.

Robin. Dict. de méd. (anc. Nysten) 12e édit., art. Déglut.

Richet. Traité d'anat. médico-chirurgicale, p. 404 et seq. 3e édit. 1866.

J. Cruveilhier et Marc Sée. Traité d'anat. descrip., V. Splanchnologie, p. 31.

Sappey. Traité d'anat. descript., tome IV, Splanch. p. 47, 2e édit. in-8° Delahaye, 1873.

J. Béclard. Traité de physiol. humaine, 6e édit. 1870, p. 59 et seq. pour déglut. comparée, p. 144.

Hermann. Elém. de physiol. de l'hom., 1869, trad. franç., 1 vol. in-8°, revus et annotés par M. le docteur Onimus.

Wundt (W.) Traité de physiol. de l'hom., (traduct. franç.) édit. Bouchard, 1871.

Milne-Edwards. Anatomie et physiol., comp., p. 100 et seq, 1843.

Duplay (S.) Traité de path. ext. tome III, p. 747 et 825.

Claude Bernard. Leç. sur la physiol., et la path. du syst. nerveux. Paris, 1858, tome II, leçons XI et XIV.

Chauveau. Traité d'anat. comp. J. B. Baillière, 1870, p. 363 et seq.

Colin (G.) Traité de physiol. comp., tome I, art. Déglut. p. 624-629, 1871-73, J. B. Baillière. V. aussi, art. Rumin, vomissem, etc., p. 656-676.

Guérin (Alphonse). Elém. de médec. opératoire, Lauwereyns, 1870, 4e édition.

Gosse (de Genève). V. Traité de la dig. par Spallanzani, — et mémoire de Magendie, mém. de la Société médicale d'émulat. 1 vol, in-8°, en 2 parties, 1817. « La déglutition de l'air atmosphérique — par quel mécanisme l'air est introduit dans l'estomac d'un animal qui fait des efforts pour vomir? » V. aussi, Bulletin de l'Athénée médical, livraison de mai 1818.

Malgaigne. Arch. gén. de méd., 1831, p. 25. Mémoire sur une nouvelle théorie de la voix, p. 250 et 330.

Lespagnol. Th. de Paris, 1811. De l'engastriuisme ou ventriloquie.

Guinier. Profes. agrégé à la Fac. de Montpellier. V. Cptes-rendus de l'Acad. des Sc., 1863, tome LXI, p. 53 et 267. — Tome LX, mai 1865 p. 9. Exp. physiol., sur la déglut. faites au moyen de l'autolaryngoscopie. — Nouv. expér. sur le véritable mécanisme de la déglut., sept. 1865. Cptes-rendus de l'Acad. des Sc.

Krishaber. Du mécanisme de la déglutition (Union médicale), 1865, nouv. série, tome XXVI, p. 428.

Moura. Cptes-rendus de l'Acad. des Sc., 1861, tome LII, p. 460. — V. aussi l'Acte de la déglutition, son mécanisme. Delahaye, 1867.

Weber (Ernest-Henri). « De l'influence du refroidissement et de l'échauffement des nerfs sur leur pouvoir conducteur » dans les Archives de Muller, 1847, p. 351 et seq.

H. Toussaint. Mémoire sur la déglutition chez l'homme et les animaux domestiques. — V. aussi, Applicat. de la méth. graphique à la détermination de la réjection chez les ruminants. Cptes-rendus de l'Acad. des Sc., n° 8, 24 août 1874.

S. *Arloing.* Application de la méthode graphique à la deglutition. Cptes-rendus de l'Acad. des Sc., tome LXXIX, p. 1009 et tome LXXX, p. 1291 et seq. Notes présentés par M. Bouley.

PLANCHE I.

FIGURE I.

A. Plancher des fosses nasales.

B. Sinus frontaux.

C. Orifice postérieur des fosses nasales (l'animal respire librement par les fosses nasales ; la paroi spinale de la cavité naso-pharyngienne est visible.)

FIGURE III.

A. Voile du palais.

B. Racine de la langue.

C. Epiglotte abaissée sur la glotte.

D. Œsophage.

E. Pilier postérieur.

F. Orifice postérieur des fosses nasales.

G. Cavité crânienne.

H. Section verticale de la partie sous-basilaire crânienne.

FIGURE II.

A. Plancher des fosses nasales.

B. Sinus frontaux.

C. Voile du palais soulevé, vu par sa face supérieure, et cachant, en exagérant la convexité de cette surface, les trois-quarts de la paroi spinale de la cavité naso-pharyngienne : l'animal fait une déglutition.

D. Paroi spinale, vue au-dessus du voile élevé.

PLANCHE I.

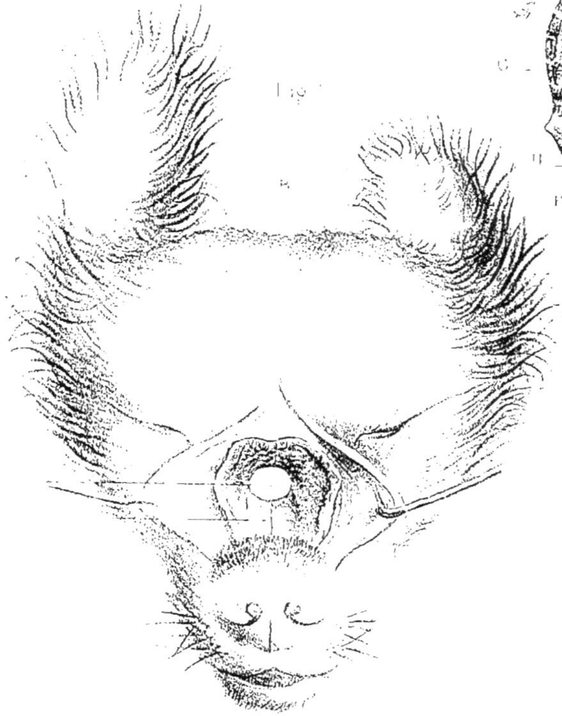

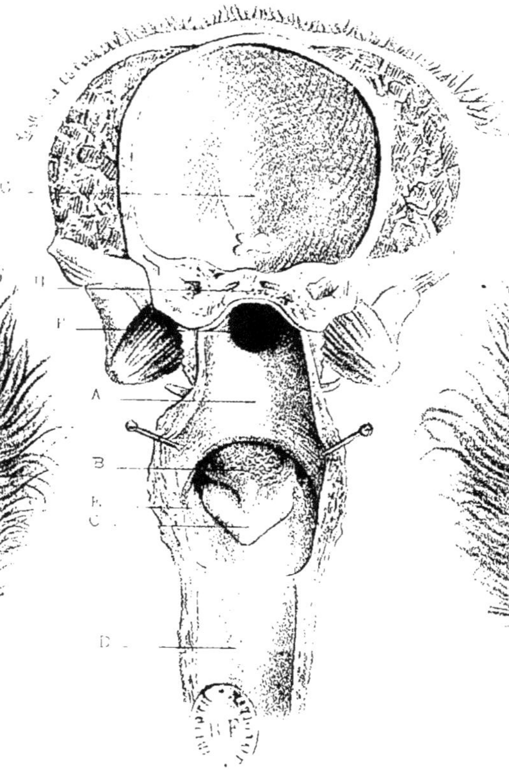

Fig. 3

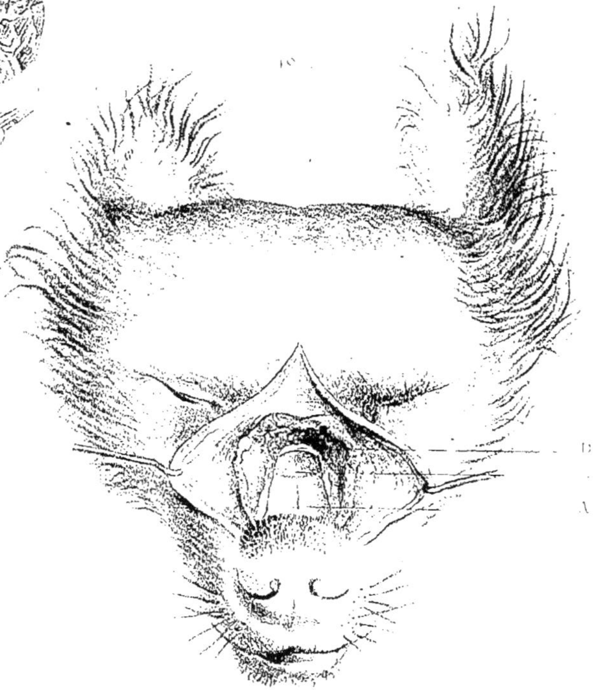

Avelle del.t Imp. Becquet Paris px. G. Nicolet lith.

PLANCHE II

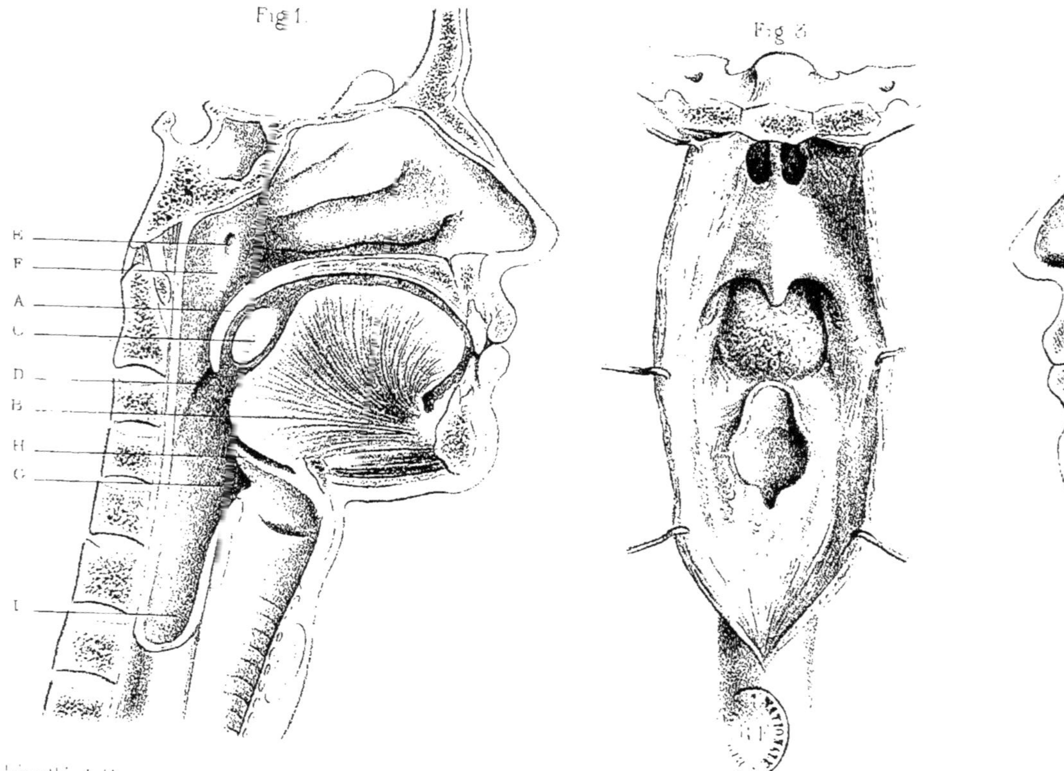

Léveillé del.

Imp Becquet Paris

G Nicolet lith.

PLANCHE II.

FIGURE I.

(Tirée du mémoire de Sandifort, « Sectione narium, oris, faucium illustratus). »

Cette figure représente la position du voile primitivement abaissé sur le bol au second temps et le poussant vers le bas avec la langue, d'après les idées de Sandifort.

A. Voile du palais abaissé sur le bol.

B. Langue.

C. Bol alimentaire.

D. Pilier postérieur dans la position oblique.

E. Orifice pharyngien de la trompe d'Eustache.

F. Cavité naso-pharyngienne.

G. Pharynx.

H. Epiglotte abaissée sour la racine de la langue.

I. Œsophage.

FIGURE II.

Cette figure représente le premier instant du second temps : le bol porté et poussé en arrière, passe sous le voile élevé par ses muscles propres et tendu par les piliers postérieurs..

A. Voile élevé.

B. Langue.

C. Bol alimentaire.

D. Pilier postérieur rapproché de la paroi spinale.

E. Orifice guttural de la trompe.

F. Cavité naso-pharyngienne.

G. Pharynx.

H. Epiglotte abaissée sous la racine de la langue.

I. Œsophage.

TABLE DES MATIÈRES.

PAGES.

INTRODUCTION.. 5
Anatomie descriptive du voile humain.......................... 7

PREMIÈRE PARTIE.

Historique du sujet au dix-huitième siècle.................. 16
Winslow (1732).. 19
Les deux Albinus (1734-1740)............................ 20
Haller (1764)... 25
Valsalva (1704)... 27
Boerhaave (1713).. 30
J.-L. Petit (1715)...................................... 31
Historique du sujet au dix-neuvième siècle.................. 39
Bichat et Magendie (1800-1808).......................... 40-42
Sandifort, Dzondi et Gerdy (1805-1831).................. 47
Maissiat (1838)... 52
Debrou (1841)... 58

DEUXIÈME PARTIE.

§ I. Observation critique. Première série d'expériences. Elévation primitive du voile.......................... 72
§ II. Du rôle des piliers antérieurs et postérieurs. Seconde série d'expériences.............................. 98
Conclusions... 125
Physiologie comparée de la déglutition.................. 131
Nomenclature des désignations diverses du voile et de ses muscles.. 138
Bibliographie... 140
Planche I. Texte et figures............................. 145
Planche II. Texte et figures............................ 146
Table des matières...................................... 148

Paris. — A. PARENT, imprimeur de la Faculté de Médecine.

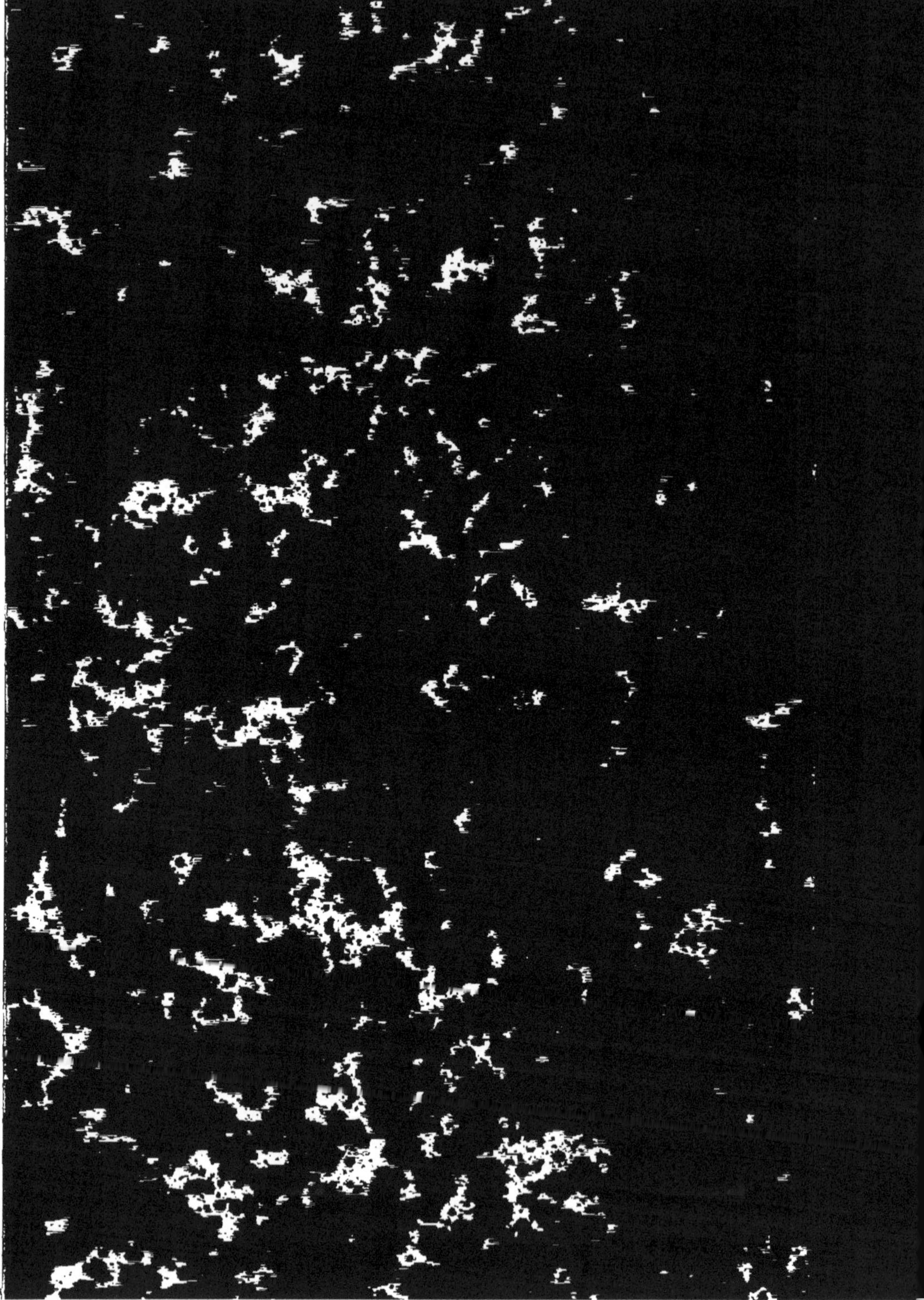

www.ingramcontent.com/pod-product-compliance
Ingram Content Group UK Ltd.
Pitfield, Milton Keynes, MK11 3LW, UK
UKHW022105190726
13855UKWH00002B/659

9 782013 485579